丽水香茶
栽培与加工技术

何卫中 刘 瑜 刘林敏 主编

中国农业出版社
北 京

本书编者名单

主　编　何卫中　刘　瑜　刘林敏

副主编　吉庆勇　郑生宏　疏再发

　　　　邵静娜　马军辉　周慧娟

编　者（按姓氏笔画排序）

　　　　马军辉　王琳琳　吉庆勇　刘　瑜

　　　　刘林敏　何卫中　陈建兴　邵静娜

　　　　周慧娟　郑生宏　娄艳华　疏再发

前言

FOREWORD

　　丽水市地处浙江省西南部，以中山、丘陵地貌为主，属于亚热带季风气候区。其生态条件优越，雨量充沛、冬暖春早、雨热同步，森林覆盖率高达81.7%，生物多样性丰富度居全省之首。丽水市域内江、湖分布广泛；山川秀美、群山连绵，其中海拔1 000米以上、1 500米以上的山峰分别约有3 573座、244座，浙江第一、第二高峰均在丽水；山区空气质量达国家一级标准，是"中国生态第一市"，素有"浙江绿谷"之称。

　　丽水自然环境属于中国绿茶一类适生区，产茶历史悠久，下辖9个县（市、区）均有茶叶生产。"香茶"起源于20世纪90年代后期，是丽水茶农以当地中小叶种茶树鲜叶为原料，在传统炒青绿茶加工工艺基础上，结合循环滚炒加工而成的优质绿茶。2009年，丽水香茶成为丽水市茶产业区域品牌；2014年，《丽水香茶生产技术规范》（DB 3311/T 19—2014）地方标准发布（现已被DB 3311/T 19—2020替代），根据标准中的描述，丽水香茶的定义为：产于浙江省丽水市所辖行政区域内，具有条索细紧、色泽翠绿、汤色清亮、香高持久、滋味浓爽、叶底绿明的独特风格，即"条紧、色绿、香高、味浓"品质特征的绿茶。丽水香茶品质明显优于传统大宗绿茶，价格远低于传统名优茶，其品质优良、价格亲民，深受广大消费者喜爱。目前，香茶与龙井茶、白叶茶已成为浙江绿茶的三大主力内销产品。

为了提高丽水香茶生产水平，为茶农、茶企学习和生产提供便利，本书从丽水香茶概述、适制品种、茶园建设、茶树繁育、茶园管理、绿色防控、机械化加工、品鉴保存等方面系统介绍香茶生产技术。以期解答相关从业者在生产过程中的一些疑问，为丽水香茶生产提供参考和指导，助力丽水茶产业振兴。

编　者

2023年3月

目录
CONTENTS

前言

第一部分
丽水香茶概述

🍃 1.丽水市的地理环境与生态条件如何？

　　丽水市位于浙江省西南地区，坐标东经118°41′—120°26′，北纬27°25′—28°57′，总面积约17 298千米²。地形以中山、丘陵地貌为主，素有"九山半水半分田"之称。地势由西南向东北倾斜，西南部以中山为主，东北部以低山为主。有海拔50米的河谷盆地，也有海拔800米以上的高山，浙江第一高峰黄茅尖、第二高峰百山祖分别位于丽水龙泉市和庆元县。丽水也被称为"六江之源"，市域内有瓯江、钱塘江、闽江、飞云江、赛江和椒江。丽水全市森林覆盖率高（81.7%），位居全国第二，全市空气负离子浓度高于空气清新指数等级1级水平。

　　丽水市属于中亚热带季风气候区。全年平均气温17.9℃，全年最热月份为7月（平均气温28.4℃），最冷月份为1月（平均气温6.7℃）。丽水市平均年降水量在1 500毫米左右，夏季降水最多，冬季降水最少，降水主要集中在3—9月。丽水市气候条件适宜茶树生长，属于中国绿茶一类适生区。雨热同步、冬暖春早，使得茶树冻害、热害发生少，春茶萌发也较早，一般在2月下旬就有春茶开采上市，这也是丽水茶区的一大优势。

🍃 2.丽水香茶有什么特征？

　　丽水香茶的品质特征为"条紧、色绿、香高、味浓"，主要由原料和加工工艺共同决定。丽水香茶以本地中小叶茶树品种为原料，目前主栽的无性系良种如龙井43、乌牛早、白叶1号、迎霜等均适制香茶。约80%以上香茶以1芽2叶采摘标准为主体，夹杂少量1芽3叶或相等嫩度对夹叶。原料嫩度适中，使香茶滋味浓醇。香茶的加工流程为鲜叶摊放—杀青—摊凉回潮—揉捻—解块—循环滚炒（二青）—摊凉—循环滚炒（提香）—整理。其特定的循环滚炒工艺使茶叶在加工过程中逐渐形成紧结的外形，内含物质在热作用下充分转化为香气物质，使香茶"香高持久"。

丽水香茶对于茶树品种的包容性较强，上面提及的四大特征只是对丽水香茶最基本的描述。随着育种工作的推进，越来越多的优良品种被用于香茶适制性试验。如以景白1号、景白2号、黄金芽、中黄1号、中黄2号等黄（白）化品种制成的香茶氨基酸含量高，滋味更加鲜爽、醇和，叶底更为明亮。不同茶树品种在采摘期和内含物质方面的差异，使得丽水香茶鲜叶供应期长、产量充足、细分产品种类丰富。

🌱 3.茶树的年发育周期是怎样的？

具体表现为芽的萌发、休止，叶片展开、成熟，根的生长和死亡，开花、结实等。

春季随着气温回升，当气温达到10℃以上时，茶树的芽开始萌发。首先展开的是鳞片，一般会脱落，留下痕迹；然后是鱼叶开展，其具有叶色较浅、叶片狭长、锯齿不显等鲜明特点；其后真叶开展，一叶、二叶、三叶乃至六七叶逐次展开，直至新梢展叶完全。当出现驻芽时，标志着一轮新梢进入成熟阶段。生产茶园一般每年出现3轮新梢，分别为春梢、夏梢和秋梢，每轮新梢分别经历萌发、展叶和休止的生长过程。至10月茶树停止萌芽，而以越冬芽进入休眠期，完成一个年生长周期。对于每轮新梢而言，由于存在顶端优势，顶芽先萌发并展叶，其后因采摘和修剪等因素，侧芽再生长。因而生产上有越采越发的说法，其原理就在于解除顶端优势，促使侧芽萌发。幼龄茶树通常采用以采代剪和轻修剪的方式以培育健壮骨干枝和致密生产枝，也是基于这一基本原理。当然，修剪本身是对树体的一种伤害，需及时施肥以补充营养供应，确保树势快速恢复。

一年中，茶树根系生长也具有明显的规律性，且呈现出地上部和地下部相互轮转、动态平衡的生长特点。年初气候寒冷，地上部生长停滞，地下部却处于活跃状态。随着气温逐渐升高，茶芽开始萌动，地上部生长开始活跃，此时地下部根系活性相对减弱。相对应地，从营养物质转移方向而言，冬季，地上部生长休止，茶树叶片的光合产物向下运输，供根系生长，并将部分养分贮存在茎和根中；春季，当温度高于10℃时，茶芽开始萌动，茶树叶片的光合产物主要运向顶芽和腋芽部位，根和茎中的贮藏物质也迅速向地上部芽梢运转，以供新梢生长所需。

开花、结果作为茶树生长的一种正常生理现象，也具有一定的规律性。茶树的花期从开始到结束通常需要7～8个月。花芽从5—6月开始分化，6—7月花芽成形。盛花期在10月下旬至11月中下旬，花期一般在12月下旬结束。一朵茶花的寿命在天气晴暖时，仅1～2天；如遇低温降雨，寿命可长达5～6天。茶花虽然开放多，但落花落果严重，结实率低（2%～4%）。花期过后，受精的茶花在冬季低温下便进入休眠状态；经3～4个月休眠，待到翌年3—4月继续生长发育，结出果实；9月底至10月初种子才成熟，历时18个月左右。茶籽未成熟时果皮为绿色，成熟后呈褐色或红褐色。果皮开裂后，呈现出棕褐色茶籽。

驻芽，指茶树枝梢顶端处于休眠状态的营养芽，外形细小，内部尚未分化完全。一般每轮茶芽萌发后，新梢成熟时会出现驻芽。当茶树处于水分、养料供应不足或气候环境不适的情况下，茶芽的生长活动能力减弱，逐渐转入休眠状态，形成驻芽；当外部环境条件适宜时，驻芽可恢复生长活动，逐渐展开叶片。带驻芽的芽叶称为对夹叶。对夹叶老化较快，需及时采摘。

> 茶树带子怀胚现象，指每年从5月底到11月，茶树上同时出现当年的花和上一年的果。

4.茶树为什么喜酸怕碱、喜湿怕涝？

茶树适宜生长在酸性至偏酸性土壤，pH 4.0 ~ 6.5的土壤适宜种植茶树。同时，为了适应偏酸的土壤环境，茶树根系会分泌含有柠檬酸、苹果酸、草酸、琥珀酸等有机酸的汁液，这些汁液对酸性的缓冲能力大，对碱性缓冲能力小。茶树是富铝、耐铝植物，低浓度的铝可促进茶树对氮、磷、钾等元素的吸收利用，促进光合作用，促进花粉管及根系的生长，促进抗氧化系统相关酶的合成。在酸性土壤中，可溶性铝离子含量增加，供茶树利用。茶树中儿茶素、有机酸等物质对铝的螯合作用以及茶树储存铝的方式使其耐铝，减轻铝离子的毒害作用。茶树是嫌钙植物，钙虽是茶树生育的必需元素，但需要量低。研究表明土壤pH越高，茶树对钙的吸收越多。因此酸性土壤也能有效避免茶树发生钙中毒现象。

作为一种旱作经济作物，茶树还具有喜湿怕涝的特性。植物生长所需的水分多来自自然降水，适宜栽培茶树的地区，年降水量必须在1 000毫米以上。茶树生长期间的月降水量要求大于100毫米。茶树对空气湿度也有一定的要求，适宜的空气湿度为80% ~ 90%，空气湿度不但影响土壤水分的蒸发，而且影响茶树叶片的蒸腾作用。空气湿度若小于50%，新梢生长会受到抑制。高山云雾出好茶，空气湿度大时，新梢叶片较大且节间长，叶质柔软、持嫩性强，茶叶内含物丰富、品质好。茶园土壤含水量直接影响茶树根系的生长，进而影响其地上部的生长。适宜的土壤含水量为70% ~ 90%，水分不足或过量都不利于茶树生长发育。当降水量小于茶园蒸发、蒸腾量时，土壤水分将处于亏缺状况，生育受到抑制；降水过多，排水不良，茶园土壤水分长期处于过饱和状态，导致涝害发生，地下部的根系生长受阻，使水分、养分吸收运输出现问题，进一步影响地上部生长。

5.茶树从萌芽到茶青采摘的萌发节律是怎样的？

茶青，就是茶树新梢幼嫩的叶片和芽。芽的萌发分为隐蔽发育和生长活跃两个阶段。隐蔽发育阶段从芽开始膨大到鳞片展开，从外形上看，生长活动不是很明显。生长活跃阶段从鳞片展开到形成茶青（如1芽3叶），直至形成驻芽。春季随着气温回升，芽便开始萌发，经历鳞片期、鱼叶期、1芽1叶期、1芽2叶期，此时叶片展开，节间伸长，芽生长活动明显。

第一片展开的为鳞片，质地较硬，呈浅绿色，尖端褐色。鳞片常在新梢生长过程中脱落，留下着叶处的痕迹。第二片展开的为鱼叶，鱼叶是发育不完全的叶片，其色较淡，叶柄宽而扁平，叶缘一般无锯齿，或前端略有锯齿，侧脉不明显，叶片多呈倒卵形，叶尖圆钝。第三片展开的才是第一片真叶，真叶是发育完全的叶片，形态一般为椭圆形或长椭圆形。芽在生长过程中通常会陆续展开2～7片真叶。真叶全部展开后，顶芽停止生长，驻芽形成。驻芽休眠一段时间后，会继续展叶，开始下一轮生长。这种生长、休止、再生长、再休止的现象称为茶树的生长周期性。研究表明，叶片展开速度因品种而异，展开1片叶平均所需天数：福鼎大白茶为3.1天，毛蟹茶为3.8天。

研究表明，各轮新梢隐蔽发育与活跃发育所需的时间不同，头轮新梢（春梢）的隐蔽发育时间最短，而活跃发育时间最长。这是因为越冬芽在萌动之前经过了长时间的物质积累，芽分化成熟，所以隐蔽发育时期就要短一些；但早春气温较低，而且常有不适宜生长的气候，故生长活跃阶段比其他各轮新梢更长。

当冬季气温下降时，茶树树冠上有大量的呈休眠状态的营养芽，芽的外面覆盖着鳞片越冬。第二年新梢节间长短在生产上有重要意义。节间长的比节间短的新梢产量较高，云南省农业科学院茶叶研究所对当地品种调查的结果显示，凡是节间长的茶树，其全年生产量高。大叶型节间平均为3.9～5.4厘米的茶树产量最高，小叶节间为2.45～3.30厘米的茶树产量最低。结果还表明，修剪茶树新梢的节间比不修剪茶树的长。

6.茶树不同树形茶芽萌发有什么不同？

生产上，茶树按修剪与否分为自然生长型和修剪型。自然生长型茶树芽头肥壮、可提前1周采摘，缺点是受顶端优势影响，发芽密度相对较小；修剪型茶树因修剪顶端，解除了主枝的顶端优势，促进更多侧枝生长，总体上表现出发芽密度大、产量高的特点，尤其是夏秋茶产量更高。

茶树树冠整形方式有水平形、弧形、单斜面形、屋脊形，目前生产上以水平形和弧形为主。对于修剪型茶树，修剪成何种形状，对冠面芽叶分布有影响。各种冠面均表现中心芽数密度大、边缘芽数密度小；中心芽重较小，而边缘芽重较大；各种树形在产量上无明显差异。水平形和弧形冠面因凸起的程度不一，采摘面大小发生了变化，水平形采摘面较小，弧形采摘面较大。弧形树冠各侧枝顶端与根颈部距离差异较小，树冠整体上分枝较均匀，中心与两侧的枝条生育能力较接近，因此茶芽萌发较整齐、芽叶分布也较均匀；水平形树冠因中间部位修剪较重，春季茶芽以两侧的萌发更早、更多，而中间分枝较少、萌发也较迟。

树形修剪可能造成生产上采摘的青叶大小不均匀，影响后续的加工品质。因此需要根据茶树品种的生长特性和不同地区的生产规律选择合适的树形进行修剪。一般在低纬度茶区，因气温高、降水多，茶树年生长量大，为抑制茶树中间部位的生长，将树冠中间修剪重一些，修剪成水平形。芽数型茶树品种宜修剪成弧形树冠，芽重型茶树品种宜修剪成水平形树冠。结合当前的生产实际，水平形和弧形仍然是主要修剪方式，也便于机械化修剪与采摘。

 ## 7.茶树施肥越多越好吗？

茶树是多年生、一年多次采叶的经济作物，采摘茶叶带走大量营养元素，因而需要施肥以补充茶树正常生长发育所需养分。那么，对于茶树而言，是不是施肥越多越好呢？答案当然是否定的。

首先从营养吸收角度而言，茶树对肥料平均利用率不足30%，且随着施肥量的增加而表现递减的趋势。除此之外，施入土壤的多余肥料或保留在土壤中，或以其他形式损失。以茶树需求量最多的氮素为例，施入土壤中的氮肥除了被茶树吸收以外，多余的氮素或滞留在土壤中，或以N_2O、NH_3形式排放至大气中，或以硝态氮的形式随降水流出茶园生态系统，造成大气和水体污染。再者，就茶叶产量和品质而言，不同施肥量对茶叶产量、内含成分及成茶品质均产生显著影响。同样以氮肥为例，研究表明，适量的氮素对茶树产量有较好的促进作用，当施氮达到某一水平时（一般纯氮300～400千克/公顷），继续增加施氮量，产量有时反而会下降。品质方面，合理的施氮量能提高茶叶中游离氨基酸、咖啡碱、水浸出物和叶绿素含量，降低茶多酚含量，增加茶叶香气物质种类，明显提高绿茶品质；但过量施氮肥则不利于茶叶优良品质的形成。由此可见，茶树合理施肥不仅有助于茶叶产量和品质的提高，亦能够减小施肥对环境的负面效应。通常对于以绿茶生产为主的茶园，氮、磷、钾3种元素的推荐用量分别为300～450千克/公顷、60千克/公顷、90千克/公顷。

茶园施肥要求因地因园制宜，采用适当的肥料用量及合理的施肥方法，才能充分发挥肥效，提高肥料利用率，达到高产优质的目的。一般每采制100千克干茶需施纯氮（N）12～15千克，纯磷（P_2O_5）4～5千克，纯钾（K_2O）4～5千克，按要素含量折算成相应肥料用量，按照"一基多追"的施肥原则，分次施用。基肥宜采用有机肥加无机肥的组合施肥方式，在每年10月开沟施下，并覆土；催芽肥在采茶前1个月施用，以速效肥尿素为主。

8.茶树修剪是越剪越发吗？

培育良好的茶树树冠结构是优质、高效生产的基础。通过修剪可抑制茶树主干的顶端优势，促进茶树合轴式分枝，控制茶树的生长高度，形成合理的树冠高度和覆盖度。高产优质的茶树树冠应表现为高度适中、树冠宽广、枝叶茂密，分枝结构合理，枝干粗壮。

而自然状态下生长的茶树，冠面不齐，不符合现代生产的要求。因此茶树栽种之后，必须采用人为修剪措施，以获得产量和品质的双重保障。

针对不同树龄、不同树势、不同茶树品种，应采用不同程度的修剪措施，才能达到理想的目标。茶树幼年期需进行定型修剪以培养优质高产的树冠骨架，完成自然树型到经济树型的过渡；茶树成龄后进入投产阶段，这一时期的修剪目的在于保持茶树冠面结构合理、平整及生产枝健壮，轻、深修剪是这一时期维持树冠生产力的主要修剪方式。轻修剪一般用于成龄茶园，适当剪除当年留养的枝条，以保持冠面平整及下一轮新梢发芽匀齐。茶树投产多年后，因多次轻修剪和采摘，冠面会出现大量细弱的枝条，生育能力减弱，产量下降，这种情况下应采用程度稍重的深修剪，剪除细弱枝条，重新构造生产枝层。当茶树上部枝条已衰老或骨干枝未老先衰，则采用树冠再造的重修剪或台刈，使枝梢得以复壮或超过原有树况的生产力水平。

由此可见，根据生产需要，修剪贯穿茶树生长发育的各个阶段。根据茶树生长状况的不同应用不同的修剪技术，确保茶树长势旺盛、分枝结构合理，从而达到延长茶树经济生产年限，满足优质高产需求，一定程度上实现越剪越发的目标。

9.茶树为什么会受到霜冻和旱热危害？

我国茶区分布广阔、气候复杂，茶树易受低温霜冻、高温干旱、水涝、冰雹、泥石流等气象灾害，轻则影响茶树正常生长发育，重则使茶树死亡、茶园损毁。在南方茶区，霜冻和旱热是两种最为典型的茶园气象灾害。了解其发生机理和过程，对于预防霜冻和旱热，减少损失具有重要意义。

霜冻是日平均气温在0℃以上，但夜间地表温度突然降到0℃以下，导致叶片表面结霜，或者无霜但茶树受到冻害损伤或局部死亡的现象。霜冻发生不一定能用肉眼看见白霜，当空气中水汽充足，气温在0℃左右时，水汽会在植物表面凝结，形成"白霜"；当空气中水汽不足，无法形成白霜，但依然会对植物造成低温冻害，称为"黑霜"。看不见的黑霜会损伤茶树芽叶嫩梢，其危害往往比白霜更重。根据霜冻发生的时间，可分为初霜与晚霜，初霜出现在秋季，晚霜出现在春季，对茶树来说，晚霜危害比初霜严重。在江南茶区，晚霜多在3月中下旬发生，这时春茶已萌发，幼嫩组织的抗寒能力较老叶差。当气温骤降至0℃左右，嫩芽细胞因冰核挤压受损，局部组织死亡。轻则芽叶上出现麻点、茶芽萌发、展叶停滞、芽变稀变瘦；重则新梢枯萎死亡，春茶大量减产。

　　茶树旱害是指因水分供应不足，体内代谢失调，生长发育受到抑制甚至植株死亡的现象。茶树热害是指当温度过高，超过茶树的耐受范围，茶树体内酶失去活性，难以进行正常的生理代谢，导致产量下降甚至死亡的现象。热害往往伴随干旱一起发生，在江南茶区，7—8月光照强、气温高、地表水散失快，易发生夏旱、伏旱、秋旱和热害，对茶树生长不利。研究表明，当日平均气温高于30℃，最高气温高于35℃，空气相对湿度低于60%，土壤相对持水量低于35%时，茶树生育就受到抑制。若这种环境条件持续8～10天，茶树会受到旱热危害。茶树冠面叶片因为受到的光照、高温刺激最直接，就最先受害。越冬的老叶或春梢的成叶受害后主脉两侧叶肉泛红，组织逐渐坏死枯萎，形成轮廓明显、部位不一的焦斑，随着灼伤部位扩大，叶片逐渐卷曲直至自行脱落。

　　茶园"倒春寒"，指春季气温逐渐回升，茶芽萌发时遭遇气温骤降，导致新梢受冻损伤的现象。此时处于春茶早期，是名优茶生产的关键期，倒春寒的发生对茶叶生产及其经济效益影响巨大。

10.茶树树龄是否有生命周期？

　　茶树属于多年生木本植物，既有贯穿一生的总发育周期，又有一年中生长、休眠交替的年发育周期。

总发育周期是指茶树一生的生长发育过程。依据茶树的生育特点、生产特性，可以将茶树总发育周期划分为幼苗期、幼年期、成年期、衰老期4个生物学年龄时期。

茶树幼苗期，对于有性繁殖的茶树，是指从茶籽萌发出土成茶苗，直至第一次生长休止时为止；对于无性繁殖的茶树，是指从营养体生长发育到形成完整独立植株的时间，一般需要4～8个月。茶树幼年期是指从幼苗期结束到茶树正式投产的时期，一般为3～4年。幼年期时长与人为管理水平和外界环境条件关系紧密。若管理不善，茶树生长势弱，难以及时投产。应在幼年期做好定型修剪、水肥管理等措施，以培养好树冠和根系。茶树成年期是指从成龄投产到第一次树冠更新改造时的阶段，也称为青壮年时期，这一时期可达20～30年。成年期是茶树生长发育最旺盛的阶段，茶叶产量高、品质优，这一阶段栽培管理的主要任务是合理修剪、加强水肥管理，尽可能延长高效生产阶段。到成年期后期，茶树冠层枝条多且细弱，萌芽减少、对夹叶增多，需要采取深修剪人为更新树冠。茶树衰老期是指茶树第一次树冠更新到植株死亡的阶段。一般可达数十年至百年以上，而经济年限一般为40～60年。衰老期应当加强管理，拉长每次更新所间隔的时间，以发挥出茶树最大的生产潜力，延长生产年限。

> 老枞一般指树龄50年以上的老茶树，以自然生长为主，人为干预较少，一般不施肥、不修剪，枝干上常常会长很多青苔，产量较低。普遍认为随着树龄增大，茶树体内代谢减缓，同化能力减弱，茶叶品质下降。但有研究表明，武夷水仙岩茶中的水浸出物、氨基酸、可溶性糖含量与树龄呈正相关，茶多酚、酚氨比与树龄呈负相关，60年的老枞香气馥郁、枞味显，感官品质明显高于20年、10年树龄的武夷水仙岩茶。

 ## 11. 茶园栽培多年后土壤为什么会酸化？

茶树适合生长在 pH 4.0～6.5 的土壤中，其中 pH 4.5～5.5 最适宜，当 pH 小于 4.0 时，茶树生长受到限制，并且土壤的理化性质也会恶化，影响茶叶产量和品质。当前茶园土壤酸化日趋严重，究其原因，主要有化学肥料的不合理施用和茶树修剪物回田两方面。

氮肥施入茶园后，发生硝化作用释放质子是造成土壤酸化的主要原因。据研究，1 年向 1 公顷土壤中施入 500 千克的氮，就会产生 32.5 千摩尔的氢离子，进而直接引起土壤酸化。此外，因氮肥施入，茶叶产量增加，茶树生长过程中从土壤吸收的大量盐基离子随茶叶采摘被带走。为了维持土壤中电荷平衡，茶树吸收盐基离子的同时向土壤释放氢离子，进一步加速土壤酸化。

茶树是富铝植物，在茶树适生的酸性土壤中，铝以不稳定的形态被茶树吸收。茶树体内平均铝含量为 1 500 毫克/千克，老叶中高达 2 000 毫克/千克。茶树体内的铝随着老叶的凋落和修剪物还田，回归土壤，再次被根系吸收，又进入下一轮循环。铝离子在土壤中的存在，加之根系吸收铝的同时释放质子，可能加重土壤酸化。

12.提高绿茶品质的生态学指标有哪些？

茶树生长发育对外界环境有一定的要求，茶园的气象条件、土壤环境、所处地形与地势、生物因子、人为因子等都会对茶树产生影响。气象条件与茶树生育环境紧密相关，光照、温度、湿度等环境条件对茶树生育尤其重要，只有在良好的适生环境中才能获得优质高产的茶叶。

光照方面，茶树对可见光中的红橙光吸收最多，其次是蓝紫光；红橙光有利于茶树碳代谢和糖类的形成，使茶树迅速生长发育；蓝紫光不仅有利于氮代谢、蛋白质形成，还与氨基酸、维生素和部分香气成分的形成有直接关系，这些化学成分的增加都有利于提高绿茶品质。茶树喜光怕晒，光合速率随光照强度增强而上升，到达光饱和点后，光合速率趋于稳定，甚至下降。适度遮阴可以提高茶叶内氨基酸含量，增强新梢持嫩度。

茶树体内的呼吸作用、光合作用以及糖类、多酚类、氨基酸、蛋白质等物质的合成代谢都受温度影响。因此，茶树生育具有最适温度，在该温度下，茶树生育最旺盛、最活跃。研究表明，新梢生长最适宜温度为 20～25℃，在这一温度范围内，新梢生长速度最快。生产实践表明，在高温的 7—8 月，茶树的糖代谢最旺盛，使得夏暑茶中茶多酚含量高，不利于绿茶品质形成，成茶苦涩滋味重。可通过覆盖遮阴措施，改善气温和空气湿度状况，调节茶树体内物质代谢，使新梢适宜制作绿茶。

植物的一切正常生命活动都依赖于细胞中具有充足的水分。茶树生长所需的水分多来自降水，年降水量在 1 000 毫米以上的地区适合栽培茶树。茶树生长期间的月降水量要求大于 100 毫米。土壤中含水量直接影响茶树根系生长，进而影响地上部的生长。研究表明，茶树在土壤相对含水量为 70%～90% 时，各项生理生化指标均较高，适宜茶树生长，所获茶叶品质也较好。

13. 茶树复合栽培对茶树萌发和产量有什么影响？

茶树复合栽培是将茶树与冠层高度、根系深度不同的植物混合种植，组成上中下三层或二层林冠及地被层的生态系统。这种人工复合生态系统可以充分利用光照、养分、水分和土地等自然资源，最大程度发挥茶园生物与生态效应，使经济效益最大化。

由于茶树耐阴，人工复合栽培以引入高于茶树的乔木为主。较高的树冠层为茶树遮挡部分直射光，使茶树接收到更多的散射光。在这样的光照条件下，茶叶中的氨基酸含量增加，新梢持嫩性好，有利于茶叶品质形成。值得注意的是，茶园中过度间作其他树种，会造成茶园光线不足，影响茶树生长，产量低。

由于上层乔木对风的阻滞作用，复合茶园内风速一般比纯茶园低 10%～30%，因此茶园内气温更加稳定，气温年变幅和日变幅都比较小。研究表明，复层栽培茶园相比纯茶园，冬春季气温高 0.5～2.0℃，夏秋季则低 0.5～4.0℃，因而有利于早春茶芽提早萌发，防止和减轻夏季茶园旱害和热害。

14.茶树开花结果是否影响产量？

每年的5月底至11月，当年的茶花孕蕾开花、授粉，同时，上一年受精的茶果正处于发育形成种子并成熟的过程。花和果同时生长发育，需要消耗大量养分，这使春茶采摘时间延迟，产量也会一定程度地减少，茶农有可能遭受双重损失。另外，茶树枝条在开花后极易枯死。枯萎的茶花残留在茶树上，遇到雨水易腐烂，导致枝条被病菌感染，损失加重。

所以要想避免茶树开花结果过多，提高茶叶产量和质量，应控制与调节茶树开花，具体可参照如下做法。

（1）在花芽分化高峰时期喷施赤霉素（GA$_3$）、乙烯利等激素，可起到抑制或延迟花芽分化的作用；但要正确施用，否则容易产生副作用。

（2）夏秋季节对茶园适当遮阴、减少强光直射，配合土表覆盖等防旱措施，也可减少茶花形成。

（3）人工摘除花、果。

（4）通过修剪枝条改善营养生长，提高茶叶产量。

> 茶籽油，指从茶籽中提取的一种保健食用油，常温下为液体，具有茶籽油特殊的气味。茶籽油属于不干性油，不饱和脂肪酸含量超过80%，尤其是亚油酸含量高达20%，较一般的食用油具有更高的营养价值。

15.一天内不同采摘时间对茶青有什么影响？

按茶叶在一天内的不同采摘时间，可分为早青、午青和晚青。上午9时前采摘的鲜叶称为"早青"，上午9时至下午2时采摘的鲜叶称为"午青"，下午2时后采摘的鲜叶称为"晚青"。"午青"因采摘时为一天中温度较高时段，无露水，茶叶品质最好，其次为晚青，早青品质最差。

　　不同时间采摘的茶青，质量差异较大，因而成茶品质差异也较大。生产上，应将不同时段采摘的鲜叶分开摊放和付制。我国有些特定茶叶的制作对茶青采摘也有较高的要求。以武夷岩茶为例，采摘有一个最基本的标准，即叶面无水、无破损、新鲜、均匀一致。采摘当天如果天气晴好，茶青的质量就会较高。雨天或露水未干时采摘，茶青质量最差。应避免在雨天、露水未干时或烈日下采摘鲜叶。一般茶农会在上午9—11时、下午2—5时采茶，这样所获得的茶青嫩度适中，制成的干茶香气馥郁、茶色正。

 ## 16.茶芽采摘后摊放时间对茶青有什么影响？

　　摊放是将采下的鲜叶薄摊，散失一部分水分的工艺处理过程。鲜叶在逐步失水的过程中，叶片因失水使细胞液相对浓度提高，叶肉细胞内各种酶逐渐活化，使各种内含物质发生水解。淀粉酶、蔗糖转化酶、原果胶酶、蛋白酶等水解酶活性提高，促进糖类、蛋白质水解成可溶性糖、氨基酸等物质，利于茶汤滋味形成。这些水解产物对茶叶色、香、味的形成均有积极意义。如以糖苷形式存在的结合型香气物质受 β - 糖苷酶水解后，香气物质游离出来。脂肪氧合酶使茶叶中不饱和脂肪酸如亚麻酸、亚油酸降解形成醛、醇等低碳化合物，这些物质在后续的加工过程中逐渐形成绿茶的香气物质。研究表明鲜叶摊放4小时，游离态香气物质含量最高，此后下降，到8小时后达到较稳定状态，其中香气物质略高于鲜叶。一般认为，绿茶加工时摊放时间以4～8小时，至叶含水量70%左右为宜。

 ## 17.手工采摘和机采对茶青有什么影响？

　　手工采摘茶叶匀度和一致性高，便于加工付制。但手工采摘效率低，且个体间差异较大，这种差异不仅表现在茶叶采摘的产量上，往往还表现在采摘质量上。手工采摘成本较高，主要用于春季名优茶生产，这是因为名优茶对鲜叶嫩度和匀度有较高要求。

相比较而言，"一刀切"式的机采使得茶青老嫩不均、混杂，用其做传统茶时，需对鲜叶进行筛检和分类，然后付制。且机采容易导致茶叶断碎，使原本一部分质量较高的芽叶遭到破坏，茶青整体质量较差。机采的优点在于采摘效率成倍提高，节省用工成本。机采鲜叶往往适合作深加工原料，量大、成本低；用于制作传统大宗茶叶亦可，但同时也需品种筛选和机采树冠培育等配套技术措施的跟进。

第二部分 适制品种

🌿 18.适制绿茶的茶树品种指标（生物学特性）有哪些？

茶树品种适合制作某类茶叶并能达到最佳品质的特性即为适制性，具体表现在品种的物理特性和化学成分含量两方面。物理特性包括叶形、叶色、茸毛和持嫩性等；化学成分包括茶多酚、氨基酸和叶绿素含量等。叶形长、深绿色、持嫩性好、茶多酚含量较低、氨基酸和叶绿素含量较高的中小叶种适制绿茶。通常用酚氨比作为品种适制性的生化指标，酚氨比较小者，一般适制绿茶。近年来选育的白、黄色系茶树新品种，是绿茶生产的新宠，以色泽好、外形美、滋味鲜深受消费者和市场青睐。

香茶是采用中小叶种茶树新梢，经过循环滚炒等工艺制成的一种炒青绿茶，具有条索细紧、色泽翠润、香高持久、滋味浓爽、汤色清亮、叶底绿明的特点。目前用于加工香茶的品种主要有龙井43、白叶1号、乌牛早、迎霜等。何迅民等对龙井43、迎霜、鸠坑群体种进行香茶适制性研究，结果表明，3个品种均适制香茶，以龙井43制作香茶品质最佳。笔者所在团队对乌牛早、丽早香、龙井43、白叶1号等11份茶树品种（系）展开香茶适制性研究，结果表明中黄1号、白叶1号、黄金芽、丽早香等4个品种（系）香茶适制性最好，以白化品种制作香茶整体上滋味鲜爽。

绿茶产区在新建茶园或改植换种时，可以根据当地气候条件和所加工的茶类，从表2-1中选择适当的国家审（认）定的茶树品种，也可以从各地审（认）定的省级茶树品种中选择。在江南茶区，可以从上述品种中选择种植，作为香茶制作的原料品种。可以根据不同品种的开采期、抗逆性、产量、品质特异性方面的差异，进行适当的品种搭配种植。

表2-1 部分国家审（认）定的绿茶品种

品种名称	繁殖方式	芽叶性状	产量表现	萌发期	适制茶类	适应性
中茶102	无性	中叶类，芽叶黄绿，茸毛中等，耐采摘	高	早生	绿茶	抗寒性、抗旱性均较强，适应江北、江南茶区
中茶108	无性	中叶类，芽叶黄绿，茸毛较少，持嫩性强	高	特早生	绿茶	抗寒性、抗旱性均较强，较抗病虫，尤抗炭疽病，适应江北、江南茶区
龙井43	无性	中叶类，芽叶黄绿、纤细、茸毛少，发芽整齐，耐采摘，持嫩性较差	高	特早生	绿茶	抗寒性强，适应江南、江北茶区
龙井长叶	无性	中叶类，芽叶淡绿，茸毛中等，持嫩性强	高	中生	绿茶	抗寒性、抗旱性均强，适应江南、江北茶区
浙农21	无性	中叶类，芽叶绿色，茸毛多，持嫩性较强	高	中生偏早	绿茶、红茶	抗寒性中等，抗旱性、抗病性较强，适宜在冬季绝对气温−9℃以上茶区栽培
浙农113	无性	中叶类，芽叶黄绿，茸毛多，持嫩性强	高	早生	绿茶	抗寒性较强、抗旱性强，适应长江南北茶区
迎霜	无性	中叶类，芽叶黄绿，茸毛中等，持嫩性强	高	早生	绿茶、红茶	抗寒性尚强，适应江南茶区
楮叶齐	无性	中叶类，芽叶绿或黄绿，茸毛中等、肥壮，持嫩性强	高	中生	绿茶、红茶	抗寒性较强，适应江南茶区

（续）

品种名称	繁殖方式	芽叶性状	产量表现	萌发期	适制茶类	适应性
春雨1号	无性	中叶类，芽叶绿色，茸毛较多，肥壮，持嫩性好	较高	特早生	绿茶	抗逆性较强，适宜在浙江、四川、湖北、福建等地栽培
春雨2号	无性	中叶类，芽叶绿色，茸毛中等，肥壮，持嫩性好	中等	中偏晚生	绿茶	抗逆性较强，适宜在浙江、四川、湖北、福建等地栽培
黄金芽	无性	小叶类，芽叶黄色，茸毛少，持嫩性强	高	早生	绿茶	中抗小绿叶蝉、炭疽病，抗旱性弱，抗寒性中等，适宜在浙江、江苏、江西、贵州、安徽、湖北等地栽培
中黄1号	无性	中叶类，芽叶黄色，茸毛少，持嫩性强	高	中偏晚生	绿茶	抗寒性、抗旱性均较强，适应江南、江北茶区
景白1号	无性	中叶类，芽叶白色，茸毛较少，持嫩性强，耐采摘	高	中生	绿茶	抗寒性较强，抗旱性强，适宜在浙江西南及浙北种植
景白2号	无性	中叶类，芽叶黄白，茸毛少，持嫩性强	高	中生	绿茶	抗寒性、抗旱性均较强，适宜在浙江西南及浙北种植

 ## 19. 白（黄）化茶树的生物学机理是什么？

（1）白（黄）化茶品种分类。随着育种工作的推进，越来越多的特异性茶树种质资源被发掘利用。目前叶色特异的茶树品种主要有紫化和白化。其中白化茶由于新梢中叶绿素含量较低，呈现近白色、浅绿色、黄色等色泽；内含物质方面，氨基酸含量普遍高于普通绿叶品种，使其茶汤滋味更加鲜爽。白化茶特异的叶色及氨基酸含量，拓展了茶树在园林绿化、健康保健、深加工等方面的应用。白化茶代表——白叶1号（安吉白茶），自20世纪80年代被发现，经过选育、推广，到如今已是"一片叶子富了一方百姓"，还被推广种植到四川、贵州、湖南等省份，续写"一片叶子共富多方百姓"。

茶树按芽、叶、茎白化色泽分为白色系、黄色系、复色系等三大色系。

①白色系。新梢芽叶表现出单一的纯白色、近白色或乳黄色等色泽，最大白化程度时呈雪白色。历史上的白化茶多呈白色，故称"白茶"，也称"白叶茶"。这类茶多属（低）温度敏感型变异，也有少量属其他变异。芽叶色泽按白色程度分为雪白、净白、玉白、乳黄、玉绿、浅绿、白透红等。

②黄色系。新梢芽叶表现出单一的金黄、淡黄或黄绿等色泽，典型色泽为金黄色，最大白化程度时为黄泛白色，也称为"黄叶茶"。这类茶多属光照敏感型变异，也有少量属其他变异。芽叶色泽按黄色程度分为黄泛白、橙黄、金黄、黄色、浅黄、黄绿、黄透红等。

③复色系。新梢茎、芽叶或花果表皮由绿色与白色、绿色与黄色、白色与黄色、白色与红色、黄色与红色或绿色、白色、黄色、红色等镶嵌组成，也称"花叶茶"。这类茶属生态不敏型或复合型变异，白化表现复杂。

（2）白化机理。按白化变异类型分为生态敏感型、生态不敏型和复合型等三大变型。

①生态敏感型。白化表现主要依赖气候环境，根据对环境因子的敏感性不同，可分为温度敏感型和光照敏感型等两个亚型。温度敏感型，如白叶1号、瑞雪1号等；光照敏感型，如黄金芽、御金香等品种。温度敏感型白化主要由新梢生长时期环境温度的高低决定。光照敏感型白化主要由新梢生长阶段环境光照强弱决定，有多季型和单季型之分。

②生态不敏型。白化特征从新梢萌发至落叶，贯穿整个叶片的生命周期，对外界生态不敏感，属于恒定性白化。

③复合型。茶树叶片组织存在多种敏感型，一部分属于生

态敏感型，一部分属于生态不敏型，导致其组织色泽常表现为复色。

目前开发、应用较多的白化茶资源主要属于生态敏感型，尽管已有较多研究，但其白化机理尚未明晰，下文将对该变型中两个亚型的白化机理研究进行简要阐述。

温度敏感型有高温敏感型和低温敏感型之分，当前开发利用的白化茶多属于低温敏感型。白色系主要为低温敏感型，以白叶1号为典型代表。该品种属于阶段性白化，其白化温度阈值为 $20 \sim 22℃$，环境温度越低，新梢白化程度越高。白化期间叶片内的叶绿体结构退化、片层结构破坏，叶绿素合成受阻，叶片内无完整的色素蛋白复合体，使叶色白化。随着温度回升，叶片中的叶绿体恢复重建，叶绿素含量升高，逐渐返绿。有多位学者通过筛选获得了多个白化阶段和绿叶阶段差异化表达的基因片段。白化过程涉及基因表达调控、细胞结构变化，伴随色素、蛋白质、氨基酸、茶多酚等物质的合成代谢。

光照敏感型茶树随着光照强度增强，其新梢白化程度增加。针对其白化机理已有初步研究，但仍未阐明，需深入探索。黄色系主要为光照敏感型，其白化性状较为稳定。研究表明，黄金芽在强光条件下，多种基因表达受到影响，其中早期光诱导蛋白表达增强，使叶片产生光损伤，促进叶绿体向色素母细胞转换，从而使叶片呈黄色。在强光下，叶绿体结构发生异常，叶绿素合成受阻、含量下降。与遮阴环境相比，强光下黄金芽叶片中的叶绿素和类胡萝卜素含量均有下降，但叶绿素的下降幅度更大。叶绿素和类胡萝卜素都属于光合色素，其含量占比也决定了叶片色泽，强光下两类色素的占比发生改变，从而使叶片黄化。

（3）白（黄）化类茶树种质特点与开发。

①白（黄）化类种质资源特点。

白化茶在白化阶段，多种内含物质含量与普通绿叶品种有较大差异，其中叶绿素含量降低使叶片中各类色素比例变化，从而呈现出丰富的叶色；氨基酸含量高、茶多酚含量低，制成茶后滋味鲜爽、风味独具一格。目前为止研究较多的低温敏感型白化品种是白叶1号，其在白化、返绿过程中，氨基酸含量变化与叶绿素、儿茶素含量呈现相反的趋势。在其叶色全白阶段，氨基酸含量比常规品种高2～3倍，儿茶素含量则低50%；返绿过程氨基酸含量降低，叶绿素、儿茶素含量上升。生态学研究表明，低温敏感型白化必须有合适的低温条件，一般为15～23℃。温度高于白化所必需的上限时，这类茶树的白化表现随之丧失，而当温度低于一定限度时，白化新梢往往表现出劣质现象和生理障碍。春季自然温度低于15℃时，白叶1号、四明雪芽、千年雪的春芽萌展后期叶片呈狭长的带状畸化，茎硬叶薄，品质下降；同时高度白化的芽叶容易产生强光灼伤、劲风吹枯等现象。另外，低温敏感型白化茶的白化虽然依赖低温表达，但以氮素为主的营养供应会导致白化程度的下降，影响白化茶固有的品质风味。光照敏感型白化品种如黄金芽，白化持续时间长，一般可维持2～3个季节，光照强度下降会促进其叶片返绿。黄金芽在光照1.1万～1.5万勒克斯光强下启动白化，1.5万～6.0万勒克斯是其白化的适宜范围。由于白化叶片抗逆性差，在高温强光的夏季容易被灼伤，需要搭棚遮阴。

②白（黄）化类种质资源开发应用。

a.白（黄）化茶氨基酸含量高，适合多茶类开发与深加工利用。白化茶通常具有高氨基酸（茶氨酸）、低茶多酚、低酚氨比等特点，叶底颜色明亮，绿茶适制性强。常规品种夏秋茶常因茶多酚含量高而滋味苦涩，白化茶与之相比滋味鲜爽、品质更好，可有效提高夏秋茶利用率。在其他茶类适制性方面，有较大开发潜力。已有研究表明景白1号、景白2号均适制红茶；以白叶1号和景白品种为原料制作红茶，干茶中香叶醇含量高于15%，玫瑰香、甜香、焦糖香明显；用御金香制作铁观音，氨基酸含量高、滋味鲜醇、清香悠长；用中白1号制作绿茶、红茶、黄茶，具有明显的品种特征，滋味甘鲜，品质优良。用白叶1号制作速溶茶粉，香气、滋味品质好，是加工速溶茶粉较好的原料。具有高氨基酸特异性的白化品种可供深加工提取功能性成分。

b.白（黄）化茶的食用价值。茶叶中具有茶氨酸、茶多酚、茶多糖、多种维生素等功能成分，具有调节肠道菌群、抗氧化、消炎、降血压、保护神经系统、辅助防癌等功能。以传统冲泡形式饮茶人体所摄入的功能成分有限，尤其维生素E、胡萝卜素等脂溶性有益成分难以被摄入，约有65%的营养物质仍留在茶渣中。将茶叶入菜可提高有益成分利用率。目前龙井虾仁、茶香排骨、茶叶炒蛋、茶香鸭等菜肴多将茶叶作为调料或配菜来发挥茶香，弱化苦涩滋味。白化茶鲜味强、涩味弱，适口性较好，入菜作为食材有较好的开发前景。

c.白（黄）化茶的观赏价值。白化茶叶色特异，因叶片中叶绿素、类胡萝卜素等色素含量不同呈现出从玉白到金黄、从单色到复色等繁多的色泽。根据茶树品种特性，叶色可能随温度、光照条件而变化。另外茶树属多年生常绿木本植物，耐修剪、分枝多、易造型、耐阴，扦插成活率高，易繁殖，秋冬季节开花且花期持续时间长，可以很好地应用于园林绿化、盆景制作中。利用多个品种叶色差异，规划设计茶树种植范围，可以使茶园呈现出特定图案，为农旅融合的茶园建设提供了新的思路。

（4）白（黄）化茶树常见品种。

①白叶1号（安吉白茶）。无性系、灌木型、中叶类、中生种（图2-1）。

a.产地（来源）与分布。原产于浙江省安吉县。1998年浙江省审定为省级品种。2022年通过农业农村部品种登记，登记号为GPD茶树（2022）330046。

b.特征。植株较矮小，树姿半开张，发芽密度中等。叶片上斜，稍水平状着生，叶长椭圆形，叶色浅绿，叶身稍内折，叶缘平，叶尖渐尖，叶齿浅，叶质较薄软。春茶低温型白色系、阶段性白化变异品种，春茶幼嫩芽叶呈玉白色，叶脉淡绿色，随着叶片成熟和气温升高逐渐转为

图2-1　白叶1号

浅绿色，夏秋茶芽叶均为绿色，芽叶茸毛中等。花冠直径3.4厘米，花瓣4～6瓣，子房茸毛中等，花柱3裂。

c.特性。芽叶生育力中等，持嫩性强。1芽1叶盛期在4月上旬，1芽2叶百芽重16.3克。在福安取样，春茶1芽2叶干样约含水浸出物51.0%、氨基酸5.3%、茶多酚19.5%、咖啡碱3.0%。适制绿茶，成茶色泽翠绿、香气优异、滋味清鲜甘和、叶底玉白色；鲜叶白化程度越高，成茶的感官品质个性越明显。抗寒性、抗旱性均中等，高抗炭疽病，感小绿叶蝉。扦插繁殖力强。

d.适栽地区。浙江茶区。

②景白1号。灌木型，中叶类，中生种（图2-2）。

a.来源及分布。原产于浙江丽水景宁畲族自治县鹤溪街道，由景宁畲族自治县农业局经济作物总站通过单株育种方法选育而成。2015年通过浙江省非主要农作物品种审定委员会审定，编号为浙（非）审茶2014001。2020年通过农业农村部品种登记，登记号为GPD茶树（2020）330012。

b.特征。树姿半开张，生长势旺。芽叶乳白色，芽头肥壮，茸毛少，1芽3叶长7.6厘米，重0.45克，发芽密度中等。叶椭圆形，叶色绿，叶面隆起，叶长7.1～11.5厘米，叶宽2.4～4.0厘米。

图2-2 景白1号

c.特性。芽叶持嫩性强，3月底至4月初开采，产量较高。春茶1芽2叶干茶的氨基酸含量8.1%、茶多酚含量14.2%、咖啡碱含量3.8%、水浸出物含量46.6%。所制绿茶干茶色泽嫩绿隐黄，汤色嫩绿明亮，香气清高带有花香，滋味鲜爽浓醇，叶底玉绿隐黄匀亮。耐高温干旱，耐寒性强，抗病性、抗虫性均较强。

d.适栽地区。浙江茶区。

③景白2号。灌木型、中叶类、中生种（图2-3）。

a.来源及分布。原产于浙江丽水景宁畲族自治县鹤溪街道，由景宁畲族自治县农业局经济作物总站通过单株选种方法选育而成。2015年通过浙江省非主要农作物品种审定委员会审定，编号为浙（非）审茶2014002。2020年通过农业农村部品种登记，登记号为GPD茶树（2020）330011。

图2-3　景白2号

b.特征。树姿半开张，分枝密，生长势旺盛。春、秋季新梢均为黄白色，芽叶茸毛少，1芽3叶长6.9厘米，1芽3叶重0.41克，发芽密度高。成熟叶片椭圆形，黄绿色，叶面隆起，光泽中等，叶长6.5～8.3厘米，叶宽2.3～3.3厘米。

c.特性。发芽整齐、持嫩性强，每年3月春茶开采，产量较高。春茶1芽2叶干茶含氨基酸8.0%、茶多酚14.5%、咖啡碱3.2%、水浸出物44.0%。干茶外形色泽嫩绿隐黄、鲜亮显毫，汤色嫩黄明亮；香气高鲜馥郁；滋味鲜醇甘爽；叶底嫩黄匀亮。耐高温干旱，耐寒性较强，抗病性和抗虫性均强。

d.适栽地区。浙江茶区。

④中黄1号。无性系、灌木型、中叶类、中生（偏晚生）种（图2-4）。

a.来源及分布。原产于浙江天台县，由中国农业科学院茶叶研究所、浙江天台九遮茶业有限公司和天台县特产技术推广站共同选育而成，2013年9月被浙江省林木品种审定委员会认定为省级品种，认定编号为浙R-SV-CS-008-2013。2019年通过农业农村部品种登记，登记号为GPD茶树（2019）330033。

b.特征。植株中等，树姿直立。春季新梢为鹅黄色，夏秋季新梢淡黄色，成熟叶及树冠下部和内部叶片均呈绿色。芽叶茸毛中等，叶片水平或稍上斜状着生，叶椭圆形，叶色黄绿，叶面微隆起，叶身稍有内折，叶缘稍波状，叶尖稍钝尖。1芽3叶长4.6厘米、百芽重25.0克。

图2-4 中黄1号

c.特性。芽叶生育力强，持嫩性强。1芽1叶盛期在4月上旬。芽叶密度大，产量高。发芽密。春茶1芽2叶干样约含氨基酸6.9%、茶多酚14.7%、水浸出物40.8%、咖啡碱3.1%。适制优质绿茶。嫩香持久，滋味嫩鲜，汤色嫩绿清澈透黄。抗寒性、抗旱性均强，适应性强。扦插繁殖力强。

d.栽培要点。采用双行双株条栽，适时进行定型修剪。种植前将基肥施入种植沟，种植密度要适当大一些。采用双行双株规格种植，即小行距35厘米、大行距150厘米，亩[*]用苗量约6 000株。

e.适栽地区。江南茶区。

⑤中黄2号。又名缙云黄，灌木型，中叶类，中生种（图2-5）。

a.来源及分布。浙江省缙云县地方资源中发现的黄化变异单株，经黄茶品种选育协作组（由中国农业科学院茶叶研究所联合几家单位组成）采用系统育种法育成，被浙江省非主要农作物品种审定委员会审定为省级良种，审定编号为浙（非）审茶2015001。2019年通过

图2-5 中黄2号

* 亩为非法定计量单位，1亩=1/15公顷，下同。——编者注

农业农村部品种登记，登记号为GPD茶树（2019）330034。

b.特征。植株中等，树姿直立。茶芽叶为绿色，秋茶新梢呈黄色，成熟叶及树冠下部和内部叶片均呈绿色。芽叶茸毛少，叶片水平或稍上斜状着生，叶长椭圆形，叶色黄绿，叶面平，叶身稍有内折，叶尖稍钝尖，1芽3叶长4.8厘米、百芽重30.4克。

c.特性。芽叶生育力强，持嫩性强。1芽1叶盛期在3月下旬至4月初。产量较高。发芽密度中等。春茶1芽2叶干样含氨基酸6.8%～8.3%、茶多酚12.4%～15.9%、水浸出物42.1%～46.4%、咖啡碱2.8%～2.9%。制成的茶叶外形金黄透绿，汤色嫩绿明亮、透金黄，清香，滋味嫩鲜，叶底嫩黄鲜活，特色明显，品质优异。抗寒性、抗旱性均强，适应性强。扦插繁殖力强。

d.适栽地区。江南地区。

⑥御金香。灌木型，中叶类，晚生种（图2-6）。

a.来源及分布。2002年秋，于余姚市德氏家茶场黄金芽原株的同一茶园中发现。该茶树系种子变异的光照敏感型黄色系白化茶种。2013年获国家林业植物新品种权；2022年通过农业农村部品种登记，登记号为GPD茶树（2022）330019。

图2-6 御金香

b.特征。树姿直立，树体高大，树势强盛，新梢萌展能力、伸展能力均强。春、秋季新梢呈黄色，芽头肥壮，1芽3叶长6.6厘米，百芽重52.8克，茸毛中等。成熟叶片椭圆形，叶面平，叶面隆起中等，叶质柔软，叶长8.9厘米，叶宽3.7厘米。

c.特性。发芽密度中等，持嫩性强，1芽1叶盛期在4月上中旬，产量较高。制成的绿茶含氨基酸5.1%、茶多酚15.3%、咖啡碱4.0%、水浸出物44.2%。适制红茶、绿茶、黄茶和青茶。绿茶显毫嫩绿，汤色嫩黄明亮，香气较高爽，有栗香，滋味嫩鲜，叶底嫩黄鲜活，品质优异。开花结实能力强，抗寒、抗旱性较强，适应性强。扦插繁殖力强。

　　d.适栽地区。江南地区。

 ## 20.适合机采绿茶品种有什么特点，如何开发？

　　(1)适合机采绿茶品种的特点（图2-7）。

　　①发芽整齐。

　　②芽叶直立。

　　③发芽密度高。

　　④树冠面平整。

　　(2)适合机采的茶树品种选择。采茶工短缺是茶叶生产普遍存在的问题，机器采摘可大大提高

图2-7 机采绿茶种植情况

茶叶采收效率、减少人工成本，机采是必然的发展趋势。近年来，可实现精细化采摘的智能采茶机器人逐渐成为研究新热点，结合人工智能识别、图像处理、遥感操控、机械手臂等技术，为日后降低名优茶生产成本、解决用工难题奠定了基础，但距离技术熟化应用仍有较大探索空间。目前生产中广泛应用的采茶机主要以蓬面往复切割的形式采收，这种方式容易造成鲜叶嫩度不一、碎叶较多等问题。为提高机采质量，保证鲜叶完整度，在栽培管理上需要对茶树树冠进行培养以提高发芽整齐度，茶树品种的筛选也至关重要。不同品种在树型树姿、再生能力、芽叶持嫩度、叶片着生角度等方面存在差异，发芽整齐、节间较长、分枝密度大、新梢持嫩度高、叶片着生角度小的品种更适合机采。有研究表明龙井43、乌牛早、黄金芽、迎霜、中茶102、浙农139、薮北种、福鼎大白茶等品种有较好的机采适应性（图2-8，图2-9）。建设机采茶园时，为充分发挥

生产效益，避免生产高峰过于集中，需要按照萌芽期搭配种植早、中、晚生茶树品种。

图2-8　龙井43　　　　　　　图2-9　中茶102

（3）机采茶园树冠基本参数。

①分枝结构。层次多而清楚，骨干枝粗壮而分布均匀，树冠面小桩粗度均匀、密度达到2 000个/米²左右。

②树冠高度。南方茶区的直立性乔木、半乔木型大叶种茶园，树冠宜控制在90 ～ 100厘米；长江流域灌木型中小叶种茶园，树冠宜控制在70 ～ 80厘米；北方茶园宜控制在50 ～ 70厘米。

③树冠形状及要求。弧形或水平形，要求茶树新梢生长在一个整齐平整的树冠面上，芽叶分布均匀，生长整齐（图2-10）。

图2-10　树冠修剪前后

④叶层厚度。中小叶种10～15厘米；大叶种20～25厘米。

⑤平面树冠的叶面积指数。4～5为优，叶面积指数低于4时需要留养。

（4）机采茶园树冠的培养。机采茶树的树冠培养需经幼龄期的系统修剪或改造后的一系列修剪措施，以培养适合机采的树形。目前生产上使用的采茶机有适用于水平形或弧形树冠两种类型，因此，在机采前必须将茶树树冠培养成水平形或弧形。弧形树冠的中心部位与边侧距茶树根茎处距离较一致，树冠面的芽叶密度、冠面被剪切程度也较均匀一致。水平形树冠中间部位剪切程度较重，芽叶密度较稀，早春边侧芽叶萌发早，边侧芽数比中间部位多。

①幼龄茶树机采树冠培育。3次定型修剪后茶树骨架基本形成（图2-11），春茶后轻修剪1次（5厘米），然后用套弧或水平剪（5～10厘米），机采树冠面形成后，以采代剪1～2次，秋末冬初进行掸剪（弧形或水平形）。

②手采茶园改机采茶园的树冠培育。首先，离地40～50厘米重修剪，新梢留养生长30厘米，剪口上5～10厘米用套弧或水平剪剪平，以采代剪平整树冠面，秋末冬初采用弧形或水平形修剪机轻剪1次（图2-12）。衰老采茶园则采用台刈措施（离地10厘米高的位置），采用幼龄茶园的管理方式进行树冠培育。

图2-11　茶树3次定型修剪

图2-12　树冠培育（修剪树冠）

21.适制绿茶品种有哪些？

（1）**龙井43**。无性系，灌木型，中叶类，特早生种。

①产地（来源）与分布。由中国农业科学院茶叶研究所于1960—1987年从龙井群体种中采用单株系统选种法育成。1987年，全国农作物品种审定委员会审（认）定为国家品种，审定编号为GS13007—1987。

②特征。植株中等，树姿半开展，分枝密。叶片上斜状着生，叶椭圆形，叶色深绿，叶面平，叶身平，稍有内折，叶缘微波，叶尖渐尖，叶齿密浅，叶质中等。花冠直径3.1厘米，花瓣6瓣，子房茸毛中等，花柱3裂，结实性较强。

③特性。杭州地区1芽2叶期在3月中旬至下旬。芽叶生育力强，发芽整齐，耐采摘，持嫩性较差，芽叶纤细，绿稍微黄色，春梢叶柄基部花青苷显色，茸毛少，1芽3叶百芽重31.6克。春茶1芽2叶干样约含氨基酸2.8%、茶多酚17.0%、咖啡碱3.1%。产量高，每亩干茶可达190～230千克。适制绿茶，尤其适合制作龙井等扁形茶。所制绿茶外形颜色嫩绿，香气清高，滋味甘醇爽口，叶底嫩黄成朵，品质优良。抗寒性强，抗高温和抗炭疽病能力较弱。易扦插繁殖，移栽成活率高。

④适栽地区。长江南北绿茶茶区。

⑤栽培要点。适宜单条或双条栽茶园规格种植，宜选择土层深厚、有机质丰富的土壤栽培。生产季节需及时分批采摘嫩梢，春茶期间需预防倒春寒。连续多年采摘后，需进行蓬面整枝修剪。注意防治茶丽纹象甲、云纹叶枯病、炭疽病等病害，夏季防止高温灼伤。

（2）**乌牛早**。又名嘉茗1号。无性系，灌木型，中叶类，特早生种。

①产地（来源）与分布。原产于浙江省永嘉县，系茶农单株选育而成。1988年，浙江省茶树良种审定小组认定为省级品种。

②特征。植株中等，树姿半开展，分枝较稀。叶片水平状着

生，椭圆或卵圆形，叶色绿，有光泽，叶面微隆起，叶身稍内折，叶缘微波，叶尖钝尖，叶齿浅中，叶质软。花冠直径3.2～3.3厘米，花瓣6瓣，子房茸毛中等，花柱3裂。

③特性。杭州地区1芽2叶期在3月下旬至4月上旬。芽叶生育力强，持嫩性强，芽叶绿色，茸毛中等，1芽3叶百芽重55.0克。春茶1芽2叶干样约含水浸出物48.4%、氨基酸5.6%、茶多酚17.6%、咖啡碱3.0%。产量较高，每亩干茶可达150千克。适制绿茶。适应性强，扦插成活率高。

④适栽地区。浙江茶区。

⑤栽培要点。适宜双行条栽茶园规格种植，注意选择土层深厚、有机质丰富的地块栽种。按时进行定型修剪和摘顶养蓬。春季注意预防倒春寒或晚霜危害。茶园秋季管理宜提早进行，早施秋冬季有机肥和催芽肥。

（3）**迎霜**。无性系、小乔木型、中叶类、早生种。

①产地（来源）与分布。由杭州市农业科学研究院茶叶研究所于1956—1979年从福鼎大白茶和云南大叶种自然杂交后代中采用单株选育法育成。全国大部分产茶区有引种，浙江、江苏、安徽、江西、河南、湖北、广西、湖南等地有较大栽培面积。1987年，全国农作物品种审定委员会认定为国家品种，编号为GS13011—1987。

②特征。植株较高大，树姿直立，分枝密度中等。叶片上斜状着生，叶椭圆形，叶色黄绿，叶面微隆起，叶身稍内折，叶缘波状，叶尖渐尖，叶齿浅密，叶质柔软。花冠直径2.6～3.2厘米，花瓣6～7瓣，子房茸毛中等，花柱3裂。

③特性。1芽2叶期在3月中旬至下旬。芽叶生育力强，持嫩性强，生长期长，可采至10月上旬。芽叶黄绿色，茸毛中等，1芽3叶百芽重45.0克。春茶1芽2叶干样约含氨基酸5.4%、茶多酚18.1%、咖啡碱3.4%。产量高，每亩干茶可达280千克。属于红绿茶兼制品种。所制绿茶外形条索细紧，颜色嫩绿尚润，香气高鲜持久，滋味浓鲜；所制工夫红茶外形条索细紧，颜色乌润，香气高，滋味浓鲜；所制红碎茶品质亦优。抗寒性尚强。扦插繁殖力强。

④适栽地区。江南绿茶、红茶茶区。

⑤栽培要点。可采用双行条栽茶园规格种植，适时定型修剪，摘顶养蓬。在高山茶区宜选择向阳地块种植，并在秋冬季增施有机肥以提高抗寒力。注意及时防治螨类和芽枯病。

（4）**黄金芽**。无性系、灌木型、小叶类、早生种（图2-13）。

①产地（来源）与分布。1998年，浙江省余姚市德氏家茶场在当地群体种茶园中发现的自然变异株，通过扦插繁殖选育而来。2008年，浙江省林木品种审定委员会认定为省级品种，编号为浙R-SV-CS-010-2008。2022年通过农业农村部品种登记，登记号为GPD茶树（2022）330017。

图2-13 黄金芽

②特征。植株中等，树姿半开张，分枝密度中等，伸展能力较强。叶片上斜状着生，披针形，叶色浅绿或黄白，光泽少，叶面平，叶身平或稍内折，叶缘平或波，叶尖渐尖，叶齿浅密，黄化叶前期质地较薄软、后期叶缘明显增厚。开花量大，花冠直径3.5～4.0厘米，萼片5枚，少毛，花瓣4～5瓣，子房茸毛中等，花柱3裂。

③特性。1芽2叶初展期在3月下旬至4月初。茸毛多，黄白色。黄金芽属光照敏感型新梢白化茶树，春、夏、秋季新梢萌芽，即白

化可持续3个轮次，茶园全年保持黄色，1芽2叶初展百芽重12.9克。春茶1芽2叶干样约含水浸出物48.4%、氨基酸4.0%、茶多酚23.4%、咖啡碱2.6%。产量较高。适制名优绿茶，具有"三黄"标志，即干茶亮黄、汤色嫩黄、叶底明黄。叶绿素降低使茶树易产生生理障碍，白化程度高时黄金芽抗寒冻、抗旱性、抗灼伤能力均相对较弱，尤其是幼龄茶园因白化叶片占比大，更易受害。若茶园返绿程度好，依然可以有较好的抗逆能力。

④适栽地区。浙江省内年活动积温大于4 200℃、水源供给良好、生态优越的山地，中性、酸性土壤。

⑤栽培要点。有条件地段提倡经济树种套种，遮光率控制在30%以下。不进行采茶的季节尽量采用保持低白化度的栽培方式；夏秋季持续半个月以上高温干旱时就加强水分供给，降低白化程度；最后一轮新梢萌发期过后不提倡采摘。

第三部分
茶园建设与茶树繁育

22. 茶树适生环境是怎样的？

气候、土壤、地形、地势、生物、人为因素等对茶树的生长发育均有影响。温度、光照、水分等气候因子对茶树生长发育的影响十分明显，新建茶园成功与否与茶园周围的气候条件有很大的相关性。

（1）气候条件。

①温度。茶树适宜生长在年均温12～28℃，年有效积温3 500～4 000℃的环境中，在其他生态条件适宜的情况下，年平均温度15～23℃是茶树新梢最适宜生长的温度。当昼夜平均温度稳定在10℃以上时，茶芽开始萌动、伸展。

极限温度对茶树的生长发育影响较大，茶树耐最低（高）温度因品种、树龄、环境条件和管理水平而异，在树龄、环境条件和管理水平接近的情况下，茶树耐最低（高）温度在不同品种间的差异很大，灌木型中小叶茶树品种耐低（高）温能力强，乔木型大叶种耐低（高）温能力弱。中小叶茶树经济生长最低气温限定为−10～−8℃，大叶种限定在−3～−2℃；同样高温对茶树的生长发育也有很大影响，茶树耐受最高温度为35～40℃。

地温与茶树生长发育关系密切，地温在14～28℃时茶树生长发育较快，低于14℃或高于28℃茶树生长均缓慢。

②光照。茶树喜光耐阴，忌强光直射，光质、光照强度、光照时间对茶树生长有很大影响。茶树不同树龄、品种的需光量及耐阴程度不同，大叶品种比中小叶品种耐阴性强，茶树幼年期比成年期耐阴性强。

③水分。茶树性喜湿怕涝，生长期间嫩芽不断被采摘，之后又不断地长出新芽叶。茶树在缺乏水分的条件下，茶芽生长缓慢，严重缺水时会发生旱害，导致落叶，甚至死亡；但水分过多，土壤氧气不足，不利于茶树生长，长期积水，茶树根系大量死亡，导致茶树提前衰老，幼龄茶树则死亡。

自然降水是茶树生长所需水分主要来源，降水量直接影响土壤水分和大气湿度，适宜茶树生长的年降水量须在1 000毫米以上，空气相对湿度以80%～90%为宜，生长季节的月降水量应超过100毫米，土壤相对含水量以70%～90%为宜。

④其他气候因子。茶树除了受温、光和水等因子影响外，风、霜、雪、雾等因子对茶树的生长也有影响。过大的干风降低茶园空气湿度，加速叶面和土壤水分蒸发，对茶树生长十分不利；冬季低温，伴随干风，茶树容易受冻。霜主要是春季出现的晚霜和秋季的初霜，春季晚霜又叫"倒春寒"，对生产名优茶的早芽品种造成非常严重的经济损失。雾在山区茶园时常出现，如茶园成雾时间长，雾度大，不但增加大气湿度，而且改变光照条件，增加漫射光的比例，在适宜的气温下，对茶树生长有利。

（2）**地形、地势**。地形、地势对茶园小气候的影响很大，尤其是对茶丛地表或土壤浅层1.5～2.0米深度的气候影响较大，对茶树的生长、茶叶产量和品质产生直接影响。茶园不同坡度、方位、地形的太阳辐射不同，导致南坡太阳辐射较北坡多，北坡土温、气温较南坡低、北坡霜冻多、有霜期长、地温低、蒸发量小、土壤湿度大，而南坡则相反，南坡茶园接受的阳光比平地和其他坡向的多，温度高，春天茶叶萌发早。

不同海拔高度的气候因子差别较大，海拔高度对温度、光照、空气湿度及土壤湿度影响大。降水量和空气湿度在一定范围内随着海拔的升高而增加，超过一定高度又降低，山区云雾弥漫，漫射光及短波紫外线较为丰富，昼夜温差大。

（3）**土壤条件**。土壤是茶树扎根生长、摄取水分和养分的场所，土壤的理化性质、营养元素的含量直接影响茶树生长及茶叶品质。

茶树对茶园立地土壤条件的适应范围较广，从壤土类的沙质壤土到黏土类的壤质黏土均能种植，但是以沙质壤土最为理想，沙质壤土结构良好，固、液、气三相比例协调，种植的茶树地上部高度、根系数量明显优于沙土和黏土。沙质壤土中的茶树根系发育好，有利于茶氨酸的合成，茶叶香气、滋味好。

茶树属于多年生木本植物，只要土层深度在60厘米以上，就能满足茶树的生长需求，最适宜土层深度为100厘米。茶树是喜酸嫌钙植物，适宜生长pH为4.0～6.5，以4.5～5.5最适宜；pH高于6.5时，茶树生长逐渐停滞以致死亡；pH低于4.0时，茶树生长也有不良反应。

茶园地下水位必须低于茶树根系分布位置，地下水位需低于1米。

（4）茶园选址、规划。茶树是多年生植物，经济寿命在50年左右。茶园的选址、规划十分重要。

①茶园选址。根据茶树品种生物学特性进行选址，做好道路、林带和灌溉等基础设施建设，保证茶树优质高产和可持续发展。

根据茶树的适生环境，茶园宜选建在海拔50～800米、坡度25°以下的山坡、丘陵及平原，尤以10°～20°起伏，土壤pH 4.0～6.5的沙质壤土较为适宜。

茶园选址建园除了考虑气候、土壤及地形、地势条件外，还要满足茶园周围5千米范围内，无排放有害物的厂区、矿山等，空气、土壤、水源无污染，交通、劳动力等便利。

②茶园水利网的规划。茶园的水利网在茶园设计之初必须规划到位，做到"沟渠相通，渠塘相连"，暴雨时茶园雨水能及时排出，干旱时又能通过水渠浇灌茶园。

茶园水利网规划中，渠道是引水进园、蓄水防冲，梯级坡度茶园沟渠的设计位置应位于山脊，沿着茶园干道或者支道，若按等高线设置沟渠，需考虑0.2%～0.5%的落差；主沟是茶园连接渠道与支沟的纵沟，在雨量大的时候，将支沟的雨水汇集并排出茶园，需水时从蓄水池、水库中引水至支沟；支沟须与茶行平行设置，缓坡地茶园视具体情况设置，梯级茶园一般设置在梯内坎脚下；如果茶园区块无水库，根据茶园面积大小，需修建相应的蓄水池。

蓄水、输水、提水设备要紧密衔接，水利网设置必须考虑到现代灌溉工程设施的部署。

23.新植茶园怎样建设？

茶树只有根深叶茂，才能获得优质高产。我国大部分茶区普遍降水多，暴雨频繁，新垦茶园设计不当，就会水土冲刷严重。所以，新建茶园初期，以水土保持为重点，设计正确的基础设施和农业技术设施保障。

（1）**新建园区地面清理**。新茶园开垦前，首先对园区内杂草、树木、乱石进行清理。杂草先割除并挖出多年生草根；尽量保留园区原有道路、沟渠两旁的树木；乱石可以填在低洼处，如有坟堆则需要迁移，平地及缓坡地如有不平整处，可适当改造，但是不能将茶园顶部的表土全部搬走，采用打垄开垦法最好，尽量不要打乱原土层。

茶园应尽量建于平地或坡度15°以内的缓坡地，按照道路、水沟的设置分段，坡度15°以内的缓坡地应等高开垦。如果园区内存在局部地面因水土流失而成的"剥皮山"，可以考虑加客土达到种植要求或者种植其他树木。

如果规划茶园是生荒地，茶树种植前还需初垦、复垦，初垦每个季节均可进行，以夏、冬季最佳，利用烈日、低温加速土壤风化。

新建茶园初垦深度为80～100厘米，土块不必打碎，但必须将菝葜、芒萁、茅根等多年生草根清除。复垦在茶树种植前进行，采用机械或者人工平整、耙细，平整过程再次将草根、乱石清理，以便开沟种植。熟地只需复垦，如果先前种植作物是茶树，复垦时必须采取针对茶树根结线虫的防治措施。目前，劳动力成本较高，大面积新茶园建设一般采用大型挖掘机挖掘，用履带式拖拉机进行地面平整（图3-1）。

（2）梯级茶园的开垦。在新茶园建设中，茶园坡度在15°～25°，需要构筑成等高梯层茶园。

在等高梯层茶园建设中，为便于日常作业及适合机械作业要求，同时也需要考虑茶园水土流失、灌溉等，梯田长度控制在60～80米，等

图3-1 挖掘机整地

高不等宽，梯面外高内低，外埂内沟，梯梯接路，沟沟相通。梯面宽度最窄不小于1.5米，梯壁高度不得超过2米，梯壁倾斜度以60°～70°为宜。第一层做好后，把上一层表土挖下填平下层梯面，再修筑第二层，然后把第三层表土填到第二层梯面上，依次类推（图3-2，图3-3）。

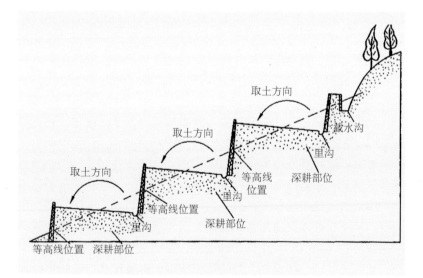

图3-2 梯级茶园开垦示意

图3-3　梯级茶园

（3）**水田改茶园**。随着农业产业结构的调整，茶叶作为高经济效益农作物品种在茶叶适种区得到广大农户的认可，很多农户纷纷在水田改种茶树以提高经济效益。但在水田改茶园过程中，必须注意以下技术要点。

①水田选择。茶树具有喜温耐阴、喜酸怕碱、喜湿怕涝的特性，尤其根系生长需疏松透气、肥沃湿润环境。当将农田改种茶树，首先应选地势高、光照充足、土壤呈酸性、土层深厚疏松、地下水位低、通透性能良好、不积水、能灌能排的山垄田块，切忌选择地势低洼或地势平坦、地下水位高、积水难排的水田地段。

②打破犁底层。因原作物根系浅，农田经长期耕作，渍水土粒高度分散，所以耕作层浅，深度为20～30厘米。犁底层保水性能好。茶树根系深60～80厘米，犁底层紧实结构阻碍茶树根系生长，还易积水而引起涝害。改种茶树的农田在种植前需进行深耕，打破犁底层，改善根系生长区土壤结构，改善土壤通气、透水性能，为新种茶树根系创造适宜生长条件。

③排灌系统的建立。农田的地形易在雨季引起积水，导致渍水涝害，对茶树生长产生较大伤害。在农田改建茶园时，必须建立排灌系统，因地制宜开好3个沟，即排灌沟、围沟、畦沟，做到能排能灌，既要能及时排出积水，又要能满足茶树各生育期对水分的需求。

④整地移栽。农田经深耕破坏犁底层后，茶苗种植前耙细土块，开好种植沟，种植以双行条栽为宜，种植规格为150厘米×

40厘米×33厘米。农田改建茶园，种植沟深15～20厘米、宽50～60厘米即可，否则雨季种植沟易积水，茶树根系会因水多缺氧而腐烂死亡，影响茶树生长。农田土壤肥沃，种植茶苗时，基肥不宜过多，一般在种植沟内施适量有机肥和硫酸钾复合肥即可，并覆土10厘米，以免烧根。

（4）**开种植沟**。茶树种植前深垦及基肥用量与茶树快速成园及成园后持续高产有很大关系。茶树种植前未曾深垦的必须重新深垦，已经深垦的，则开沟施基肥。土地平整后，按规定行距开种植沟，在平地或缓坡地可机械开沟，一般种植沟宽70～80厘米、深50～60厘米，沟底宽20～30厘米（图3-4）。

图3-4　开种植沟

 ## 24.无心土短穗扦插育苗技术是怎样的？

短穗扦插育苗是目前茶树最经济、快速的育苗途径，短穗扦插育苗从育苗计划到扦插、后期管理、土地、人工、物资、稳定的穗源等事项，均要逐一提前准备落实，才能保证育苗成功。

（1）**育苗圃选择**。育苗圃宜选择土壤微酸性、土质沙性、排灌方便、交通方便的农田或旱地，且之前未种植过茶苗、柑橘、香菇、西瓜、甘薯等。

（2）**扦插时期**。理论上茶树扦插一年四季均可进行，但生产上一般采用夏插（一般在6月中下旬至7月上旬）和秋插（在9月中下旬至10月上旬），还需考虑当地气候条件、茶树生产轮次。

（3）**育苗材料的准备**。大田育苗需遮光率70%的遮阴网、毛竹若干、压土木滚子1个、划线板1块。

（4）**苗田准备**。育苗床必须选择在合适的区域，适合育苗的苗圃地块必须地势平坦、水源充足、排灌方便、交通便利，夏季不易被洪水损坏。苗床土质要求肥沃，轻黏轻沙质，微酸性，最好选择在海拔400米以下、年活动积温4 800℃以上、光照充足的沿山水旱台地。如果选择海拔高、积温小的温凉山地、阴坡地，存在生长季节缩短、冬季绝对温度低、育苗风险大等问题。苗圃禁止选择曾堆沤有机肥或有草木灰、撒石灰的田地。

苗圃规划：按照苗床畦面宽100～120厘米，排水沟宽25～35厘米，苗床高15～20厘米，苗床长度20～30米规划设计，苗床旁边最好修建蓄水池。

育苗前准备：首先是清理育苗地块前作杂物，撒施基肥，一般每亩施腐熟饼肥或专用有机肥150～250千克，并混施40千克左右的复合肥或过磷酸钙，然后全面翻耕，按要求规划修整床基。如施用饼肥，要求禁止用未充分腐熟菜饼作基肥，而且施用时间尽量提前到扦插前1个月并翻耕入土，尽量不要施用畜禽粪栏肥。

苗床基面宽需要比上述苗床设定宽10厘米，高度低3～5厘米，这样在床面铺撒客土后，建成的苗床才符合要求。苗床面加客土，平整苗床，客土一般采用筛除石砾、树根和杂草的轻黏质红、黄壤心土，厚度2～4厘米，铺撒均匀后用木板刮平并压实，一般亩需客土20～25米^3。

（5）**剪穗扦插**。确定好品种采穗圃，一般在傍晚或者早上剪取红棕色、半木质化、健壮、无病虫害、具饱满腋芽的枝穗，室内将枝穗剪成3～4厘米长，带有1片叶和饱满腋芽的短穗，剪口要平滑、斜向。

（6）**苗圃管理**。扦插后，苗床应立即淋透水，随即进行遮阴或防冻处理。扦插初期，每天早、晚各浇水1次，水量以浇透为准，该阶段持续7～10天；以后可每天浇1次，雨天除外，该阶段大概持续到扦插苗生根，即扦插后30～50天。生根后，一般隔日浇水1次或数日沟灌1次，以保持适宜的土壤湿度。苗圃勤除杂草，及时检查和防治病虫害，特别注意防治叶蝉、螨类、粉虱与茶蚜等。

25.茶树容器苗培育技术是怎样的？

茶树无性繁育技术主要采用短穗扦插，常规育苗周期一般为13～18个月，周期长，管理成本高，反季节移栽成活率低。常规育茶苗需在畦上铺心土，不仅费工费时，还破坏生态环境。

茶树容器苗分塑料穴盘育苗和轻型基质网袋育苗，两种容器育苗相比较，轻型基质网袋育苗是茶树育苗最适宜方式之一，轻型基质网袋利用可分解的高分子纤维材料以无纺织工艺制成，具有透气、透水、根系自由穿透的良好特性。轻型基质网袋培养的苗木根系发达，降低移植时季节、天气对苗木的影响，移植时不需脱掉网袋，移栽后苗木缓苗期短、成活率高。

（1）**容器育苗材料**。

①容器。轻型基质网袋所用网袋高8厘米、口径4.5厘米。

②育苗基质。采用70%东北泥炭+25%园艺用珍珠岩+1%过磷酸钙+其他混合基质。

（2）**插穗处理**。茶树容器育苗的插穗处理，详见第24题的剪穗扦插。

（3）**插后管理**。扦插完后，将扦插基质浇透水，架设拱形棚，上覆薄膜密封，夏季扦插可采用双层遮阳网遮阴，遮光率达到75%，保证棚内温度、湿度、光照等条件适宜扦插苗生长发育。

（4）**移栽**。当容器苗生根以后达到移栽标准，即可出圃移栽。

 ## 26.茶树怎样嫁接？

茶树嫁接技术研究比较早，但是生产上应用较少，在珍稀、特异性茶树资源扩繁和老茶园换种改植方面，采用改良后的嫁接技术能迅速扩大资源基数和快速成园投产。

在江南茶区，以劈接法最为实用。全年除冬季外，其他时间均可嫁接。但茶树嫁接最佳的时间在5月中旬至6月上旬，该时间段雨量充沛，气温和地面温度都比较适宜，茶树生长旺盛，嫁接成活的概率比较高，也不会影响到春季的生产收益。

嫁接需要的工具及材料包括嫁接刀、劈接刀、锤子、手锯、整枝剪、绑缚材料，必需材料有遮阳网、农用膜等。

（1）**接穗处理**。在砧木品种纯、长势旺盛园，选取侧芽饱满而未萌发的穗枝，盛于竹筐或塑料筐内，上覆盖湿布，放置阴凉处。如果是外地采穗，必须在运输途中注意保湿、低温，不能让风对吹穗枝，如果通过快递托运，接穗须放置在泡沫箱内，泡沫箱内要保湿、放冰袋降温，须2天内运到，3天内嫁接到砧木上。

（2）**削穗**。削穗方法因嫁接方法不同而有一定差异，劈接法采用正楔或者侧楔形，削面在芽的两侧；切接和腹接采用单楔或扁楔形，主削面在芽的对侧。但基本削法均为"两刀两剪法"，主削面一刀在芽下方0.5～1.0厘米处起刀，长2.0～2.5厘米，再在相对面反切一刀，然后在芽上方2～4毫米处剪断枝条，剪去1/3～1/2叶片。削后接穗为1芽1叶，穗长3.5～5.0厘米。

削穗与切砧一样，一定要做到切面平整光滑，一刀不成重新削一刀，而不是补削原刀面。

（3）**切砧**。用切接刀在砧木断面中心线顺纹理劈出约3厘米接口，为防止接口开裂过度，一般用小锤轻敲刀背；切接时，则用切接刀在砧木断面一侧顺纹理劈出约3厘米接口，最薄时，切开的一侧稍带木质部。

（4）**接入**。准确接入与熟练切削是嫁接技术的两大关键。接入要求做到接穗芽眼向外、至少一侧形成层完全重合、接穗主削面留出0.2厘米左右削痕等，同时要注意避免接穗的皮层剥离、形成层错位和插入后摇动接穗等3种情况。

（5）**覆盖保墒**。茶树嫁接后灌溉1次，在离接穗30厘米高度用拱形薄膜覆盖，保持接穗湿度，同时上部加盖遮阳设施，减少浇水次数，可在砧木旁边每60厘米间距放一杯水增加棚内湿度。

（6）**接后管理**。茶树嫁接后产生一个砧穗共同体，并在嫁接初期重新建立一个地上与地下部的营养平衡体系。因此嫁接苗的生长习性明显不同于籽播茶苗或者扦插茶苗。

①生长速度快。由于嫁接苗地下庞大的根系为地上部分提供养

分和水分的能力依然存在，接穗成活后，营养来源十分充足甚至过量，为新梢萌展和旺盛生长创造条件。7月下旬嫁接成活的茶树，至秋后生长高度达到50厘米，除去1个月愈合期，枝梢实际生长期内的日生长量接近1厘米。

②砧穗同步萌展。砧穗同步萌展在树龄大、砧木粗的茶树较常见，而在密植茶园嫁接时较少见。砧穗共萌导致相互争夺养分，影响接穗新梢的萌展。

③嫁接茶园管抚措施。

a.保苗促萌。嫁接后至新梢萌发的一段时间，即伤口愈合期，是接后管理最重要的时期，夏秋需要10～15天才能产生愈伤组织，春秋和秋冬季需要更长时间，其间需要保温、保湿，夏秋季需保湿、遮阴、降温。接后防止淋雨和直接灌水渗及接口，以及高温、冻害等对嫁接口、接穗的伤害，其间可采用覆盖遮阳网、薄膜等处理措施。

b.去袋、除萌灭蘖。对嫁接成活的接穗，新梢萌展触及薄膜袋时，应及时将薄膜袋去除，砧木萌生的不定芽长至15厘米时，应将萌生蘖从基部剪掉，生产园头两年内要进行多次除蘖，才能确保接穗新梢的生长，除萌可结合除草一起进行。对嫁接未成活的茶树，应保留2～3枝萌生蘖，为后期补接创造条件。

c.树冠培养。当嫁接苗新梢长至25厘米高度时，应及时进行打顶，促进侧枝萌发，再根据茶园培养目标分别进行树冠培育。

d.补接。对于未成活的茶株，应尽早进行补接。补接时，可先不除去砧木萌生蘖，待新梢成活且萌发至一定高度后再除去，防止茶树营养不足导致死亡。

 ## 27.茶树种子育苗是怎样的？

(1) 茶籽采集及预处理。

①茶树种子繁育技术。茶树属于异花授粉植物，种子后代具有复杂的遗传性，易变异，不易保持原良种的优良性状。茶树种子繁殖方法简单，成本低，后代适应性强。

首先，清除母树周围过度生长的杂草，合理施肥并保证茶树正常生长发育，促使茶树多开花结果，防止落花落果，获得饱满的茶籽。其次，改进茶树鲜叶采摘方法，春茶控制采叶量，夏秋茶保留不采，增加茶籽的产量。最后，根据采种母树生长状况，制订茶树修剪措施，重点培养树冠和树势，疏剪枯枝、老枝、细枝、弱枝、病枝、虫枝、徒长枝。

②种子采集。茶树品种一般都会正常开花，部分品种会开花但结果较少，甚至不结果。霜降前后为采收茶果最佳时期，当茶果壳呈绿色、种壳微现裂缝、呈棕褐色、种子饱满、呈乳白色时标志茶果成熟，采摘茶果要及时、分批进行，保证茶籽质量，虫蛀的茶果不要采收。

③茶果处理。茶果采回后，应及时摊晾在干燥、阴凉、通风的地方，避免暴晒、雨淋，可适当翻动。当茶果裂开，轻揉压，使果壳与茶籽脱离，筛出茶籽。剥离的茶籽适当摊晾，将茶籽含水量降至30%左右，将茶籽中的杂物、虫蛀或腐烂者取出，剩余茶籽进行贮藏。

（2）**茶籽贮藏**。贮藏过程中需控制环境的温度、湿度，以保证茶籽的发芽率和茶苗长势。贮藏方法较多，可按贮藏时间长短分为短期贮藏（1个月以内）和长期贮藏（1个月以上）。短期贮藏将茶籽摊放于阴凉干燥的室内，厚度15厘米左右，表面覆盖稻草。长期贮藏主要有以下两种方法。

①室内堆藏法。选择阴凉干燥无直射光的室内，在地面薄铺一层干草，再铺一层3～4厘米厚湿沙，上面铺3～4厘米厚茶籽，再铺3～4厘米湿沙，一层茶籽一层湿沙，共铺茶籽3～4层。也可将茶籽和湿沙搅拌均匀存放，堆高26～31厘米。四周可用木板或砖阻挡，顶上覆盖一层稻草保湿。

②室外畦藏法。也称为寄种、假播。在室外选择地势较高、排水良好的地块做苗畦。最底层铺3厘米厚的沙，再铺上2～3厘米茶籽，以此间隔铺，共铺茶籽2～3层。表层覆盖黄泥3～5厘米，并压实。

不论采取何种贮藏方法，在贮藏期间均需定期检查，保证温度、湿度，及时清除霉变的茶籽。每隔 1 ~ 2 个月抽样检查 1 次。

（3）茶籽播种。

我国大部分茶区可在 11 月至翌年 3 月进行播种。若冬季无严重冻害发生，以冬播最佳。冬播（11 月至 12 月中旬）比春播（2—3 月）发芽率高，出土早，茶苗质量好。

①浸种。用清水浸泡茶籽 2 ~ 3 天，每天换水 1 次，将浮于表面的茶籽去除。浸种可使茶籽提早发芽，并且提高发芽率。

②催芽。将浸种后的茶籽用 0.1% 高锰酸钾溶液浸泡消毒，捞出后置于温室内或塑料薄膜棚内的沙畦上，茶籽厚 6 ~ 10 厘米。保持环境温度 25℃左右，每日淋洒温水 1 ~ 2 次。冬季和春季的催芽时间分别为 20 ~ 25 天、15 ~ 20 天，将近一半的茶籽长出胚根时可进行播种。

③播种。可分为茶园直播和苗圃育苗两种播种方式。直播时常规茶园每丛播茶籽 4 ~ 5 粒，三行密植茶园每丛播茶籽 3 粒。茶园直播对苗期管理要求较高，苗圃集中育苗更便于茶苗管理，利于茶苗生长。苗圃育苗播种可采取穴播、撒播、条播等方法，生产上以穴播和窄幅条播为主。穴播行距一般为 15 ~ 20 厘米，穴距约 10 厘米，每穴 5 粒茶籽。窄幅条播行距 25 厘米，播幅 5 厘米左右。播种深度以 3 ~ 5 厘米为宜，覆土后适当压实。

28. 茶苗"三一"定植技术是怎样的？

茶苗按宽行距 150 厘米，窄行距 40 厘米，窝距 33 厘米双行种植。管理水平差的新建茶园，每穴栽 2 株，每亩种植 5 400 株左右；管理水平一般的茶园，可单双株交替种植，每亩种植 4 000 株左右；管理精细、技术水平高的茶园，每亩种植 2 400 株左右。茶苗移植期为每年 10—12 月或翌年 2—3 月，秋季最佳，1 月严寒天气不适宜移栽。

茶苗种植前，先在种植沟（穴）底施足基肥，每亩施饼肥 200 千克或商品有机肥 200 千克或腐熟农家肥 2 000 ~ 3 000 千克，另加普钙 50 ~ 100 千克，基肥上覆土 10 ~ 15 厘米后种植茶苗（图 3-5）。

茶苗起好后，首先将茶树苗直立放置在潮湿阴凉处，做到随取随种。如茶苗不能及时栽植需假植，上可覆盖稻草、秸秆或杂草等，避免茶苗日晒风吹及受冻害。

图3-5 种植沟施基肥

"三一"指定植时"一提一压一灌水"。手提茶苗放入种植沟中使根系舒展，边覆土边压实土壤，至沟深2/3 ~ 3/4时浇灌根部土壤，水下渗后继续覆土压实，覆土与茶苗泥门基本持平(图3-6)。移栽定植后形成小沟槽，不需填平，能起到拦截雨水作用，提高移栽茶苗成活率，前1 ~ 2年田间人工锄草施肥盖土，种植沟逐步填平。茶苗移栽后第一次定型修剪，中小叶品种留6 ~ 7片叶，大叶品种留4 ~ 5片叶，移栽修剪后茶苗地面部分最高不得超过15厘米（图3-7）。

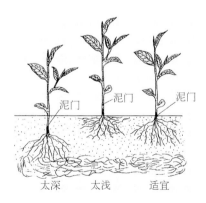

图3-6 覆土高度

图3-7 茶苗定植情况

29.茶树定型修剪技术是怎样的？

茶树树冠培养是茶园综合管理中的重要基础性栽培技术。根据茶树品种生物学特性、外界环境条件和茶园栽培管理技术标准，人工修剪茶树部分枝条，改变、控制茶树原有自然状态下的分枝习性，促进茶树营养生长，延长经济年龄，培养能持续优质、高效生产的茶树树冠。

幼龄茶树冬季休眠后，成年茶树和衰老茶树春茶采收后，运用修剪技术，促使茶树形成密集、茂盛、整齐的采摘面；通过肥水、修剪调控树体营养的分配、转运，保证茶树旺盛生长，实现茶树高产、稳产、优质、高效的目的。

（1）**第一次定型修剪**。当定植1年生茶苗75%～80%长到30厘米以上时，若高度不够标准，可推迟到第二年春茶生长休止时期进行第一次定型修剪。第一次定型修剪高度决定茶树以后分枝数量和长势，偏低植株分枝偏少，养分将集中使用，骨干枝比较粗壮；偏高植株分枝偏多，养分将分散使用，骨干枝比较细弱。第一次定型修剪的最佳高度是距离地面15～20厘米（图3-8）。

图3-8 第一次定型修剪情况

（2）**第二次定型修剪**。茶树第一次定型修剪1年后，冬季休眠季节进行第二次定型修剪。高度在第一次修剪处提高15～20厘米，距离地面30～40厘米。第二次定型修剪先用篱剪按修剪高度剪平所有枝条，再用果树整枝剪修去过长的桩头，修剪过程保留外侧腋芽，以利于分枝向外侧扩展（图3-9）。

图3-9　第二次定型修剪情况

（3）**第三次定型修剪**。茶苗定植第三年冬季休眠季节进行第三次定型修剪。高度在第二次定型修剪剪口处提高10～15厘米，用篱剪按高度标准剪平所有枝条即可（图3-10）。

图3-10　第三次定型修剪情况

（4）**第四次和第五次定型修剪**。第三次定型修剪后第一、第二年的冬季休眠季节，分别在上一次剪口基础上提高5～10厘米进行第四、第五次定型修剪。对于人工与机采相结合茶园，茶树冠面修剪成半弧面形；纯机采茶园，茶树的冠面修剪成平面形。

茶树经过5次定型修剪，树冠基本定型，茶树进入正式投产阶段，以后每年可按成年茶树的修剪标准修剪。

当新建茶园茶树未及时进行定型修剪，可根据茶树生长势补剪，如种植3～4年未修剪过，茶树已有3～4层分枝且长势健壮，冬季休眠季节在距离地面35～40厘米处修剪；如大部分茶树分枝少且枝梢细弱，冬季休眠季节在距离地面20～30厘米处修剪，后面1～2年的冬季休眠季节在上一次剪口的基础上提高15厘米整形修剪1～2次，待培养好树体和树冠骨架后，再开始采摘茶叶。

30.幼龄茶园茶-豆（草）间作技术是怎样的？

幼龄茶园茶苗矮小且抗逆性差，土壤新开垦，熟化程度不够，且裸露地面较多，保水保肥能力弱。在茶树行间进行合理间作，可充分利用土地资源，改善茶园小气候和土壤条件，有利于茶苗生长。间作植物的根系可固定土壤，减轻水土流失；地上部分对地面可起到一定的遮阳作用，降低温度、减轻干旱，还可减弱风速，对茶苗起到保湿保温的作用。将间作植物翻埋到土壤中，可增加土壤有机质含量，改善土壤结构，提高土壤肥力。

幼龄茶园间作植物可选择绿肥和豆科植物，如紫云英、白三叶草、大豆、花生、绿豆等，忌选择水肥需求大的植物。间作时需考虑植物的生长特性适时播种，适合秋播的冬季绿肥植物有蚕豆、豌豆、肥田萝卜等；适合春播的夏季绿肥植物有乌豇豆、黑毛豆等。间作植物在行间适当密植，与茶苗间保持充足距离，避免过度遮阳，影响茶苗正常生长。随着茶苗生长，茶行间距缩小，应逐步减少间作物数量。以夏季毛豆等矮生绿肥植物为例，1年生茶园行间可种植3行绿肥植物，绿肥植物行间距20～30厘米，与茶苗行距为40～50厘米；2年生茶园行间可种植2行绿肥植物，绿肥植物行间距不变，与茶苗行距为55～60厘米；3年生茶园行间种植1行绿肥植物；成园后不再间作绿肥植物。间作植物在开花之后结实之前进行翻埋，需将植物埋到茶行间，避免离茶树根部太近造成"烧根"。也可在夏季将绿肥植物拔起覆盖茶行间，待秋冬季节深耕时埋入土壤（图3-11）。

图3-11　茶园间作情况

第四部分
茶园常规管理技术

 ## 31.茶园怎样清洁？

　　多年失管的茶园通常杂草丛生，茶树生长枝细小、树势衰老，而且茶园产量低，品质差。这时就应实施除草、修剪和土壤管理等措施，以恢复茶树生长势，稳步提高茶园产量。

　　(1) **除草**。除草工作通常在8—9月大部分杂草结籽前，或10月前与土壤管理一起开展。梯坎上的杂草可以用割灌机割除，园地的杂草应铲除，并在铲除杂草的同时清理茶园操作道。割除的杂草覆盖于园面，保水保肥，并可减少翌年园地杂草萌生。失管茶园除草不宜使用除草剂，通常失管茶园杂草高大、粗老，且部分木质化程度高，使用除草剂量大，除草效果不佳，而且会对茶园的安全生产造成影响。

　　(2) **修剪**。通常在9月修剪，此时茶树新梢生长活力旺盛，修剪以促进新梢分枝及恢复生长，长出的新梢于10月生长活力下降。茶树枝条采用修剪机修剪，其中顶端修剪深度为20厘米左右，边缘枝条修剪则是剪去茶行间的部分枝叶和剪去茶丛底部的弱枝，保持行间有20厘米左右的空隙，有利于田间活动及管理。修剪的枝条及时清理出茶园，可加工成有机肥料。

　　(3) **土壤管理**。通常在10月进行土壤管理，此时茶树新梢生长活力下降，根系保持生长活力，有利于茶树体内的营养积累。失管茶园园地有杂草可以开沟覆盖于土壤下，开沟具有松土、方便施肥的作用。一般开沟深度在15～20厘米，施商品有机肥和化肥，提高土壤肥力，提高茶园养分存储。面积大的茶园可以使用耕作机械松土开沟，以减少人工费用，提高施肥效率。

经过茶园清洁工作后，恢复茶园规范化管理，茶园规范化管理以茶树年生育周期为一个周期，包括茶园基肥-催芽肥-追肥三型施肥法、茶树一重多轻修剪技术、茶园三适采摘技术、茶园深耕改土-浅耕除草作业技术、茶园水分灌溉技术、茶园干旱与冻害的防御与恢复、开花严重茶树的抑花抑果技术、茶园冬季封园技术八项管理技术措施。

32.茶园三型施肥法是怎样的？

根据茶树需肥的特点，茶树的一个生产季按照"基肥-催芽肥-追肥"三型施肥法进行施肥管理（图4-1）。

图4-1 茶树沟施基肥、沟施追肥

（1）**基肥**。10月中旬至11月上旬，结合园地深耕施基肥。此时地上部分已基本停止生长，茶树根系还有生长活力。过早施肥容易诱发秋梢徒长，过晚施肥根系停止活动，不会吸收和存储养分。有机肥与化肥混合施用，商品有机肥每亩施用量为1吨左右，也可施用菜饼或豆饼，200～300千克/亩。化肥为氮、磷、钾，比例为2：1：1，每亩施用量为25千克。一般来说，茶树对氮、磷、钾等大量元素的需求为4：1：2，总体上对氮素需求较多，基肥施用时需要增施氮肥。离茶丛20厘米左右开沟施肥，沟的深度15～20厘米，施肥后及时覆土。茶树的吸收根主要分布于土壤深度20～40厘米处，过浅施肥会导致茶树根系上浮，对干旱和冻害的抗逆程度降低。

（2）催芽肥。可以结合浅耕松土施催芽肥，根据不同地区茶树发芽时间不同有所差异，一般2月下旬至3月上旬施催芽肥，即在茶芽萌动到鱼叶期进行（开采前20天以上）。此时气温慢慢回升，茶树根系活力逐渐增强，过早施肥茶树吸收养分不及时造成浪费，过晚施肥茶树吸收较晚，树体中养分用完而无法从土壤中吸收新的养分，容易造成芽头瘦弱，产量降低。有机肥与化肥混合施用，商品有机肥每亩施用量为200千克左右，配施化肥，以尿素为主，每亩施用量为10千克。一般来说，茶树发芽主要消耗氮素，补施硼锌肥可促进新梢萌芽生长发育。离茶丛20厘米左右开沟施肥，沟的深度10厘米左右，施肥后及时覆土。

（3）追肥。以春、夏、秋三季采摘茶园为例，每年追肥2次，分别在春茶修剪后追肥（5月下旬），夏茶修剪后追肥（7月下旬）。如仅生产春茶，建议于春茶修剪后追肥（5月下旬）1次。有时间结合浅耕除草进行追肥，劳动力不足情况下也可撒施，切勿在茶蓬面上撒施，需要在距离茶丛20厘米左右的茶行间撒施，撒施后结合松土除草覆盖。追肥以化肥为主，单施市面上复合肥（氮：磷：钾为1：1：1）并非最优选择，推荐搭配尿素施肥。成龄采摘茶园追肥要求氮、磷、钾的比例为（2～4）：1：1，即每亩追施15千克复合肥加15千克尿素为佳。

33. 茶树一重多轻修剪技术是怎样的？

具有顶端优势的茶树，顶芽生长旺盛，侧芽生长较弱或缓慢，只有通过修剪控制顶端优势，更好地培养树冠，才能促进茶园高产丰收。在茶园土、肥、水等综合管理的基础上，根据茶园的立地条件，茶树的品种、树龄、生长习性和生育情况等，修剪可分为台刈等重修剪技术和深修剪、轻修剪、边缘修剪等轻修剪技术。常规生产茶园一般采用"一重多轻修剪技术"。

（1）**重修剪技术**。可改善茶树上部枝条活力下降的情况。重修剪要求在春茶结束后立即进行，越早越好，对于长江中下游茶区，最迟时间为6月10日。重修剪每年修剪1次，修剪高度为离地40～50厘米，剪去地上部树冠，修剪太高不利于茶树分枝，修剪太低不利于茶树恢复生长势，影响产量（图4-2）。

图4-2　茶树重修剪

（2）**轻修剪技术**。轻修剪技术针对采摘茶园，用于保持树冠平整和控制树高树幅（图4-3）。轻修剪技术按年修剪周期可多次进行，第一次轻修剪宜选择在2月（约春茶采摘前30天）进行，第二次轻修剪宜选择7—8月夏茶采摘结束后进行，第三次轻修剪宜选择9—10月秋茶结束后进行。轻修剪技术根据修剪的目的分为深修剪、边缘修剪。深修剪主要修剪树冠面上出现的密集而细弱的"鸡爪枝"，一般剪去树冠表层10～15厘米的枝叶；边缘修剪主要剪去茶行间的部分枝叶，一般保持行间有20厘米左右的间隙，有利于田间作业和茶园通风透光。边缘修剪切忌过重，否则不但影响茶叶产量，而且容易滋生杂草。

图4-3 茶树轻修剪

机械修剪：茶树修剪机是一种专门针对茶树枝条特性、采用刀片往复功能切割茶树枝条的修剪工具。主要原理是通过刀片相对来回运动，使进入剪齿的茶树枝条被锋利的刀口切断，完成茶树枝条的修剪。修剪机的优点在于大大节省劳动力，且使得茶树树冠育更加整齐一致。当前茶树修剪机主要有绿篱机、轻修剪机和重修剪机3种。据实践证明及市场反应，使用效果较好的修剪机有日本原装进口落合牌修剪机。无论哪款修剪机，保养都非常重要，恰当的保养可以大大延长茶树修剪机的使用寿命。

 ## 34.茶园三适采摘技术是怎样的？

茶园效益在茶叶采摘后体现，茶叶采摘是联系茶树栽培与茶叶加工的纽带，既是茶树栽培的收获，又是茶叶加工的开端（图4-4）。茶叶采摘的好坏，不仅关系茶叶的产量高低、品质优劣，还关系茶树长势、经济寿命等。合理采摘应掌握下列3点原则，即适时、适量、适宜的茶园三适采摘技术，使树势、产量和品质方面都保持长期优良以获得最大的经济效益。

图4-4　茶叶采摘（1芽1叶初展）

（1）**茶园适时采摘技术**。适时采摘技术就是掌握茶叶开采期、采摘周期及停采期。开采期受茶树品种及茶产区气候条件等影响，一般在手工采茶的情况下，茶树开采期宜早不宜迟，以略早为好，特早品种乌牛早一般2月初开采，龙井43一般3月中旬开采。茶园5%的新梢达到采摘标准即可"跑马式"开采。采摘周期受茶树生长势、发芽快慢等影响。根据茶树发育不一致的特点，通过分批多次采收，做到先发先采、先达标准的先采，一个采摘周期一般可采摘5次左右。

（2）**茶园适量采摘技术**。适量采摘技术为确保茶树生长旺盛采用留养采摘，茶树新梢上的留叶数量因采摘季节、采摘标准、采摘次数不同而不同，按照需要采摘的标准（1芽1叶、1芽2叶等），春季与秋季留鱼叶，夏季留1叶，先达标准的先采，一个采摘季一般可采摘5次左右。针对幼龄茶树，掌握适量采摘技术要遵循以养为主、采为辅的原则，采取"打顶采"的方式。

（3）**茶园适宜采摘技术**。适宜采摘技术就是根据所制茶类的要求，采摘符合标准要求的茶叶原料。首先，茶芽能满足同一茶类不同等级或相同等级不同茶类的加工原料要求。其次，通过采摘茶芽，可以有效增大茶树树冠面的发芽密度和生长强度，能够增加生产茶园的采摘次数，促进茶树旺盛成长，达到稳定增产、增效等，取得高产优质的效果，并能延长茶树的经济年龄。最后，通过采摘调节产量和品质的矛盾，调整当地采摘劳力，提高劳动生产率。

> 茶青采摘方法：茶树物候期即茶芽萌动到采摘的过程，从萌动、膨大、鳞片、鱼叶、1芽1叶初、1芽1叶、1芽2叶初、1芽2叶、1芽3叶、1芽4叶到驻芽。不同时期、不同类型的茶芽适合做不同级别的茶叶，故茶青采摘方法首先需要观测茶树的物候期，采摘合适类型的茶芽。
>
> 打顶采摘法是一种利用采摘顶芽抑制顶端生长的采摘方法，既有一定茶园效益，又能实现轻度修剪。适用于树冠培养阶段，一般2～3龄的幼年茶树或更新复壮茶树在最初1～2年采用。留叶采摘法是一种以采为主、采留结合的采摘方法，茶青采摘过程中必须在树上留有一定数量的叶片，包括鱼叶和真叶。
>
> 茶青采摘方法包括手工采摘、机械采摘、手工与机械采摘相结合等3种方法。手工采摘是茶叶生产中应用最普遍的采摘方法。它的优点是采摘精细，批次较多，采期长，采下的茶叶质量好；缺点是费工，工效低。机械采摘利用采茶机等实现茶青采摘，能大幅提高采茶效率，节省采茶劳动力成本，但其缺点是茶园的整体产值会降低。手工与机械采摘相结合，合理利用手工采摘和机械采摘，在春茶前期以生产名优茶为主的茶园，根据适制名茶标准，选用手采的方法进行采摘；中期以加工优质茶为主，选用机采的方法，既可解决高峰期的旺采，又可提高采摘净度，增产幅度较大。
>
> 综合茶园生产实践，茶青采摘以手工与机械采摘相结合效率较好，效益较高，尤其是采摘名优茶为主的茶园。

35.茶园深耕改土-浅耕除草作业技术是怎样的？

长时间不进行管理的茶园土壤会出现硬化、板结、营养流失等现象，此时茶树生长不良，必须进行茶园土壤耕作。茶园土壤耕作是指用农机具对土壤进行耕翻、整地、培土等的田间作业活动。茶园深耕将深层土壤翻至土表，有利于增厚活土层和熟化改良土壤；深耕作业伤害一部分茶树根系，有利于复壮树势、更新根系。土壤浅耕能够清理和翻埋杂草及枯枝落叶，以增加茶园中的有机质含量；浅耕作业还能够疏松土层，改善土壤中的水分和空气状况，有利于好气性微生物的生长繁衍，加速土壤中的有机物质的转化，提高土壤肥力。

（1）**深耕改土作业技术**。深耕作业要求深度在15厘米以上，能够改善土壤土层质量，深耕作业深度太大会造成较多茶树根系损伤，影响当年茶叶产量。成龄茶园的深耕深度根据茶园类型有区别，条栽茶园深耕以15～25厘米为宜，以减少伤及根系；丛生茶园或肥培管理差的茶园以25～30厘米为宜，以增加根系的肥力吸收。茶园深耕对于衰老茶园来说，有利于复壮树势、更新根系；对于幼年茶园来说，有利于根系向下伸展。深耕作业时间一般为8—9月，南方茶园可延迟到10月。茶园深耕可以结合施基肥进行，种茶后第一年，施用基肥需要离茶树20～30厘米开沟，开沟的部位离茶树的距离随着树龄增大逐渐加大，施肥后将新土盖在上面，让其熟化。

（2）**浅耕除草作业技术**。浅耕一般指深度不超过15厘米，且能够清除大部分杂草及杂草根系的耕作（图4-5）。浅耕除草作业技术

图4-5　茶园浅耕作业

可以疏松土壤的板结层，有效改善茶园土壤中的通气状况。确认浅耕作业次数要根据茶园杂草全年的分布规律，还要考虑土壤板结程度和降水量的影响，如夏秋季因雨水较多，温度较高，适当增加浅耕的次数。对于管理较好的茶园，杂草少的情况下一般结合茶园施肥进行浅耕，每年2～3次，浅耕的同时直接将杂草埋入土中；而对于杂草管理不好的茶园，通常在杂草较小的时候进行浅耕，每年3～5次，即春茶前、春茶后和夏茶后各浅耕1次，共3次。春茶前浅耕主要作用是疏松土壤，一般在2月下旬至3月中旬结合施春肥进行，深度一般在10厘米左右；春茶后浅耕主要为消除杂草和疏松土壤，时间为5月中下旬，深度一般在10厘米左右；夏茶后浅耕抑制杂草的生长和减少水分蒸发，深度为3～7厘米，时间在7月上中旬。

36.茶园水分灌溉技术是怎样的？

　　根据茶树"喜湿怕涝"的生理特性，在茶树的生长过程中需要源源不断地浇水。水分缺少会导致茶树生长受阻、生长缓慢、茶叶畸形、节间变短，较容易出现对夹叶，不利于茶树正常生长发育，也不利于茶园效益的提升；而水分过多，茶树根系的无氧呼吸增强，根系生长不良，茶树根系变黑溃烂，从而使得茶树生长不良甚至全株死亡。因此，要根据茶树"喜湿怕涝"的特性及不同土壤调整供水策略，合理进行水分管理。做好茶园水分管理首先就需要提高土壤保水能力。

　　(1) 茶园保水措施。一是增强茶园土壤蓄水能力，通过耕作施肥来实现，深耕、增施有机肥以改良土壤质地。二是控制土壤水分散失，行间铺草、铺防草布、铺地膜可以有效减少茶园土壤水分散失，起到保持土壤通气性良好、抑制杂草滋生、调节土壤温度、增加土壤有机质等作用。针对新建茶园，建议筑成水平梯田，山区茶园开筑"竹节沟"，以方便保水、灌溉和增强茶园蓄水能力。

　　(2) 茶园水分灌溉技术。茶园在干旱来临时期需要进行灌溉。目前普遍采用的是地面灌溉（畦灌、沟灌、淹灌和漫灌等）、地下灌溉、滴灌、喷灌和微喷灌等技术。现阶段地面灌溉由于便捷程度高在茶园中应用最多，但是地面灌溉要求水资源充足，其对水资源的利用率很低，也不利于茶园良好田间小气候形成，对于劳动力需求大、消耗大等。节水灌溉为普遍推荐的茶园灌溉方式，以滴灌、喷灌和微喷灌方式弥补地面灌溉的缺点，加之自身各方面的优势（节水、省时、省工等）被茶农广泛采用。茶园水分灌溉需求可以用土壤湿度指标反映，适宜茶树生长土壤含水量占田间持水量的60%～90%。土壤水分过多茶树涝害重；土壤水分过低茶园旱害重。一般当茶园土壤含水量下降到田间持水量的70%时，必须进行灌溉。茶园水分灌溉要求根系集中分布的0～30厘米土层能达到最优湿度，并要求土壤湿润深度达50厘米以上。

如果自然干旱程度高且普遍，最新防止干旱的方法是使用土壤保水剂。土壤保水剂是一种独具三维网状结构的有机高分子聚合物，能够在充分吸收水分的同时实现缓慢蒸发散失，号称植物微型水库。可使用土壤保水剂迅速吸收雨水或浇灌水，保证根际范围水分充足、缓慢释放以供茶树生长所需。

37.茶园干旱与冻害的防御与恢复是怎样的？

茶树在复杂的自然条件下，不但会遭受病虫害的侵袭，而且会受倒春寒、低温冻害、高温干旱、洪涝等自然灾害的影响，导致茶树产量品质下降甚至死亡。在灾害发生之前进行有效防御，灾后及时补救恢复，可将自然灾害造成的经济影响降至最低，是茶园管理中不可忽视的重要环节。

（1）高温干旱的防御与恢复。高温干旱持续8～10天后，茶树叶片会出现叶肉变红、焦灼以及顶芽和嫩梗萎蔫、脱落等旱热害症状（图4-6）。最有效的防御措施是种植绿肥和浅耕，在灾害可能发生之前种植绿肥、浅耕除草、铺草覆盖及遮阴可以减少表土水分蒸发，保持土壤含水量，是预防高温干旱的有效措施。在旱情已经发生时，根据发生旱害等级，合理修剪受害茶树枝条，及时增施氮钾肥，促进新梢萌发，以恢复茶树生机。

图4-6　茶园干旱

（2）**倒春寒的防御与恢复**。倒春寒是指早春气温回升后，出现气温骤降、晚霜甚至小雪等反常气候。目前春茶防御倒春寒普遍采取以下4种措施，各种措施结合防御效果更好：一是及时抢收，寒潮来临前，对于已萌发芽叶的茶园，集中人力抢采幼嫩芽叶，减少冻害损失；二是蓬面覆盖，可用薄膜、无纺布、遮阴网等覆盖材料覆盖茶树冠面，减小降温幅度，防止叶片水分过量蒸腾；三是叶面喷灌，通过叶面喷灌可增加茶园空气湿度，提高土壤热容量，减小变温幅度，减轻对茶树的损伤；四是安装防霜扇，可在茶园周边安装防霜扇，通过风力加速空气流动，不易成霜，防治霜冻。对于已经冻死的芽叶，要进行及时采摘，避免影响下轮枝条芽叶的生长；对于冻害比较严重的枯死枝条，要修剪至枯死部位以下1～2厘米，尽快恢复树势。

（3）**低温冻害的防御与恢复**。茶园遭受低温冻害时，茶树成叶边缘变褐，叶片呈紫褐色，嫩叶出现"麻点"或"麻头"，严重时出现秃枝或枯死。主要防御措施：一是加强茶园肥培管理，深耕培土，增强树体对低温的抵抗力；二是熏烟法，利用烟雾防止土壤和茶树表面失去热量；三是覆盖法，用稻草、杂草、塑料薄膜等覆盖蓬面，防止寒风直接侵袭枝叶产生过度蒸腾；四是灌溉法，在霜冻发生前夜进行灌溉，提高土壤温度；五是化学药剂保温，可在叶面和土壤表面喷洒抑蒸保温剂，减少蒸腾，提高茶树抗寒能力。受冻的茶园待气温回升以后，要立即对受冻枝条进行修剪，促进新梢萌发。

（4）**洪涝的防御与恢复**。接连遇到阴雨天时，茶园要注意开沟排水，填土补园。而对洪涝灾害之后的茶园，可以进行以下5方面补救措施。一是开沟排水，清污松土。及时清理疏通排水沟渠，抢修被冲毁的茶园梯壁、沟渠、道路。待茶园地表土基本干燥时，应及时进行浅耕松土，恢复土壤的通透性，促发新根，恢复生长。二是扶树理枝，清除断枝。洪涝灾后第一时间扶正树体，培土复壮，及时剪除受灾枝条。对于不能扶起的茶树应立即剪断，做好根部培土，任其自由生长，对于已死亡的茶树应立即拔出，重新补种。三是浅耕松土，培养树冠。水淹后园地土壤板结，易引起根系缺氧。待茶园地表土干燥时，及时进行浅耕松土，恢复土壤的通透性。四是追施肥料，恢复树势。遭受洪灾的茶树根系有不同程度损伤，营养物质吸收受到一定影响，因此要及时追施肥料。喷施叶面肥补充营养，待树势恢复后，再施有机肥促发新根。五是清园消毒，防治病虫。洪灾后茶树抗性降低，雨后容易诱发茶小绿叶蝉等病虫危害，因此要密切注意茶园病虫危害情况，及时做好防治工作。

38.开花严重茶树的抑花抑果技术是怎样的？

茶树生殖生长即开花结果，会影响第二年的茶叶生产。茶树一般在7月至翌年2月开花，较集中在9—11月。开花早、开花多对第二年茶叶生产的影响尤其大。茶树开花后消耗过多的养分和水分，茶树易出现枯枝落叶，残败的花朵留在树上，遇到阴雨天气变腐烂，细菌、病毒侵入，导致病害的发生，危害茶树的正常生长。

（1）**茶树开花的抑制措施**。茶园提早开花或开花多都是因为茶园缺乏科学有效管理，抑制茶园开花主要从茶园管理措施入手。第一，茶园土壤耕作可以疏松土壤，除灭杂草，消灭土壤病虫，促进土壤熟化，提高土壤有效养分含量，使茶树处于正常的生长周期。第二，茶园行间铺草，如玉米秆、豆秸、绿肥和薯藤等。这些覆盖物经暴晒、堆腐、消毒，有利于茶园水分控制和茶树生长。第三，茶园科学施肥，重施有机肥作基肥。秋冬季茶树地下根系活跃，茶园进行翻耕配合施基肥，适当补充矿物性磷、钾肥。基肥的施用应满足"净、早、深、足、好"的要求。合理把握追肥的次数和追肥时间，一般在春茶和夏秋茶萌发前施用。第四，做好茶园病虫灾害防治工作，要求及时分批多次采摘，减轻蚜虫、小绿叶蝉等多种危险性病虫的危害。利用物理防治、生物防治等方法有效开展茶园病虫防治。

（2）**开花严重茶树的抑花抑果技术**。营养生长和生殖生长是茶树相互依存又相互对立的两个方面。在做好茶园管理的基础上，依然可能出现开花严重的状况，使第二年茶叶生产受到严重影响。这种情况下，开展人为抑花抑果工作就显得十分重要。抑花抑果技术主要有人工摘除肉眼可辨认的花蕾，所采的茶花、花蕾可作肥料；还可以采用化学方法，如喷施"抑花灵"等抑花药品。

39.茶园冬季封园技术是怎样的？

进入秋冬季节后，随着气温下降，茶树的枝、叶、芽等地上部分将逐渐停止生长，进入休眠期，而根系进入生长旺盛期。此时，根据茶树的生长生理特性进行冬季封园管理，是实现第二年茶叶品质提升、产量稳定、增收的关键。茶园冬季封园包括清园和药剂封园。

（1）**茶园冬季清园**。在冬季清园前开展茶树轻修剪或打顶修剪，剪掉茶丛茶蓬中的弱枝、病虫枝等，修剪以保留红梗或棕色梗、剪去绿青梗为度，剪去3～5厘米，留养春夏梢部分。修剪时间一般在11月上旬至12月上旬。茶园冬季清园是对茶园中茶树病虫害的场所和越冬卵等进行清除和处理，具体措施是对茶树老叶和树枝进行翻看清查，发现有茶毛虫卵、蓑蛾护囊等及时摘除；被害枝干上的蜡蚧等害虫和苔藓类植物可用竹刀刮除；对发生茶煤病、茶饼病等茶叶进行摘除；对发病严重的病茶树要连根挖除，集中焚烧处理；对茶丛中下部的枯枝、病虫枝等，特别是钻蛀性害虫枝要清除。茶园冬季清园可结合除草、培土、施基肥等茶园管理措施进行，翻挖地表土层中茶尺蠖的蛹、蛴螬、小地老虎、茶象甲等，使其暴露于土表而死亡。

（2）**茶园冬季药剂封园**。茶园冬季药剂封园管理技术是在地上部分生长进入休眠期后，在茶树上喷施农药，杀灭茶树上越冬的部分害虫和病原菌，减少害虫和病原菌越冬基数，降低翌年茶树病虫害发生量。根据茶园越冬害虫种类和病原菌情况选择封园药剂，可以优先选用病虫兼杀的石硫合剂。石硫合剂呈强碱性，松碱合剂和波尔多液呈碱性，不能与忌碱性的农药混用。石硫合剂、松碱合剂和波尔多液药剂也不能混用，以免降低药效（图4-7）。

封园时间应考虑茶园虫害发生时间、温度对药效的影响等各因素，封园的适宜时间一般是立冬节气，但药剂封园应避开强冷空气的影响，以免降低封园效果。翌年3月春茶开采前的主要害虫出蛰期和病菌孢子侵入茶树期不能喷施石硫合剂等药剂，否则会对茶叶造成污染。

图4-7　制作石硫合剂

第五部分
设施茶园管理技术

40.现代设施茶园发展趋势是怎样的？

　　设施茶园是指在环境相对可控条件下，采用工程技术手段和工业化生产方式，为茶树生长提供适宜的生长环境，使其在最经济的生长空间内，获得相对高产量、高品质和高经济效益的一种现代茶园生产方式。设施茶园建设是设施农业的建设范围，由于茶树属于多年生植物，目前设施茶园的建设相对于一年生作物的设施建设来讲比较落后。

　　(1) 设施茶园发展现状。随着现代科学技术的飞速发展，如工程技术、微电子技术、大数据平台建设等的应用，一种新型集约型设施农业正在不断优化和成熟，且这项技术在美国、荷兰、日本等一些发达国家得到迅速发展，创制了设施农业建设的完整技术体系，并形成了强大的支柱产业。尤其是日本，茶园建设规范、茶行笔直整齐，茶叶生产过程中茶树修剪、茶叶采摘、加工、包装等环节机械化和自动化程度都相当高。茶园耕作机械有浅耕机、中耕机、深耕机、施肥机；修剪和采摘运输机械有手持式、轨道自走式、机械传动乘用式。我国设施茶园起步相对较晚，尤其在一些偏远山区存在茶产业大而不强、大而不精、大而不张、竞争力不强、茶园基本设施严重滞后等问题，设施茶园建设没有受到足够重视。茶园生产机械化程度低，成本高、效益差，茶园管理粗放，抵御灾害能力弱，加工过于分散，规模小，技术水平低，工业化程度低。但是在一些发达地区，如浙江省，茶园设施建设正在不断发展和普及。部分茶园设施化建设如水肥一体化建设、防霜设施建设、大棚促成栽培、物联网建设等各种现代化技术正逐步应用到茶树当中，现代化茶园管理及控制变得便捷、智慧。

（2）**设施茶园发展趋势**。目前设施茶园的建设方向不再局限在水肥一体化、防霜设施等单方面基础设备的建设，而是基于大数据、物联网下各种设施设备的统一控制，建立集光温水气、土壤养分、病虫害、茶树生长状况自动监测监控于一体的茶园，利用天气预报、病虫害发生情报等大数据实现茶园覆盖、灌溉、病虫害防治、施肥等远程控制，形成智慧茶园，引领设施茶园前进的方向，引领茶产业现代化发展。

 41.茶园水肥一体化与微喷技术是怎样的？

传统茶园水肥管理存在化肥施用量大、施肥方式落后等弊端，对劳动力的依赖程度较高。水肥一体化技术可以有效弥补传统水肥管理的短板，节约人力成本，提高生产效率，而茶园水肥一体化技术仍处于起步发展阶段。

（1）**茶园水肥一体化技术**。茶园水肥一体化技术就是将灌溉与施肥有机结合在一起的茶园新技术。指在一定区域茶园范围内，借助压力系统或地形自然落差，利用可控管道系统通过管道和滴头形成滴灌，把单独水源或肥水（肥料溶解在灌溉水）带到每株茶树，将水和肥均匀、定时、定量输送至茶树根系生长发育区域，为茶树提供水分、养分的现代化农业节水新技术。茶园水肥一体化技术主要使根系土壤始终保持茶树最适或者适宜需求范围内的含水量，同时可以根据茶树不同生长期的需水、需肥特性进行智能监测和远程调控，把水分、养分等物质按时、按量、按比例直接供应到茶树根系。

（2）**茶园微喷技术**。茶园微喷技术包括管道运输系统和微喷系统两个部分（图5-1）。管道运输系统主要有压力系统和枢纽系统，可以利用自然水位落差或者添加压力泵建设管道运输系统的压力系统；枢纽系统由动力压力调节阀、智能施肥机、配肥站、过滤器等组成；微喷系统包括干管（主管）、支管、毛管、微喷头等。微喷系统首先选择适宜肥料种类，可选液态或固态肥料，要求水溶性强，含杂质少，以免堵塞管道；其次掌握肥料的稀释比例，稀释比例过低容易造成肥料浪费，甚至造成茶树根系烧死，稀释比例过高造成茶园肥料不足，茶树生长发育迟缓；最后根据茶树需肥规律，按照"少量多次"的原则，通过微喷技术实现茶园的水肥施用。

（3）**茶园水肥一体化技术与微喷技术的积极影响**。第一，减少茶园水肥消耗，保护茶园的土壤环境。第二，按需调整水肥供应，使茶树最适生长，有效促进茶叶增产提质。第三，根据水肥

图5-1　茶园微喷系统

设施建设可智能监测、智能调控，节约种植人力成本，提高茶叶生产效率。第四，茶树在条件恶劣地区的适应能力增强。

　　智慧茶园的概念由农业物联网衍生而来，是借助传感器、云通信、云计算等手段，实现对茶叶的生长环境及生产、加工、流通、销售等过程的精准化、智能化管理。智慧茶园是通过茶园物联网监测系统，实现为茶树种植、生长发育、病虫害防治提供全程监测数据及图像、整体解决方案。智慧茶园是基于大数据、物联网下各种设施设备的统一控制，建立集光温水气、土壤养分、病虫害、茶树生长状况自动监测监控于一体的茶园，利用天气预报、病虫害发生情报等大数据实现茶园覆盖、灌溉、病虫害防治、施肥等远程控制（图5-2）。

　　在茶园里安装多种传感器，它们收集到数据会实时传递到云端服务器上，通过对茶叶品质产量与种植期间的数据分析，以可视化方式呈现在网页上，为茶农提供种植参考依据，同时也为茶叶的最终消费者提供品质保障。物联网茶园生态监测软

件是为前端传感器采集到的数据打造的集存储、分析、建议三位一体的系统软件，该软件界面简洁，操作方便，并可通过手机等无线移动终端直接访问。

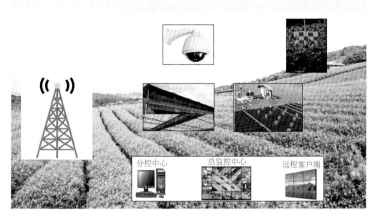

分控中心　　　总监控中心　　　远程客户端

图5-2　智慧茶园模板

42. 茶叶品质提升遮阴设施管理技术是怎样的？

茶树具有"喜阴怕晒"的特性，光照强度大的茶园往往伴随着高温、干旱的发生，特别在夏秋季，高温、干旱、强光照会使茶叶苦涩味重、香气淡薄、色泽干枯等，造成茶叶品质的下降和茶叶经济效益的降低。遮阴能够降低茶园光照强度、降低茶园温度、降低茶园蒸腾速率等以改善茶园小气候、提高茶叶品质。茶园遮阴有生态遮阴和覆盖遮阴两种方式，生态遮阴可采用林木、果树等；覆盖遮阴可采用稻草、秸秆、苇帘、遮阴网等。其中遮阴网具有使用方便、省力省工、规格多等优点，是近年来采用较多的遮阴材料，颜色有黑色、绿色和银白色，以黑色遮阴网遮阴效果最好。

（1）**遮阴提升茶叶品质**。茶叶品质主要受到内含物质的影响，研究表明遮阴可以降低多酚类物质含量、提高氨基酸含量、降低酚氨比、增加咖啡碱含量、增加水浸出物含量、降低粗纤维含量、增加可溶性糖含量、增加香气成分，实现茶叶品质的综合提升。

（2）**遮阴管理方法**。生态遮阴种植树木有林木和果树两大类，如合欢、相思树、泡桐、马尾松等林木，李、枇杷、柿、板栗等果树。适宜在茶园中种植的树种应树体高大、分枝部位较高、枝叶分布适中、秋冬季落叶、根系分布在土层50厘米以下、根系分泌物呈酸性、与茶树无共同病虫害、具有一定经济价值。茶园种植遮阴树的密度应随树种而异，一般以行距10～12米，株距5～6米，每公顷8～10株为宜。随遮阴树长大，通过疏枝来调节遮阴幅度，控制在30%左右，随茶园海拔高度升高，遮阴幅度应适当减小。生态遮阴茶园行间间作夏季绿肥，既可以大量增加土壤有机养分含量，改善土壤结构，又可以增加茶园行间绿色覆盖度，减少土壤裸露，降低地温，减少地表径流，增加雨水渗透，宜选择秆高、叶疏、枝干呈伞状的花生、大豆、绿豆等。覆盖遮阴用遮阴网覆盖茶园，或搭建其他类型简易遮阴棚，减少阳光直射带来的灼伤。注意要搭架遮阴，遮阴网与茶树蓬面保持一定距离。有条件的平地、缓坡地茶园，旱季可用黑色塑料遮阴网遮阴，离地1.8～2.0米搭架，遮阴网高出茶树蓬面50～60厘米为宜，方便茶园管理和采摘。

43.茶园大棚促成栽培技术是怎样的？

茶园大棚促成栽培技术指的是在寒冷季节利用大棚保护设施提高和保持茶树生长所需要的温度，茶树提早发芽，使其发挥最大生产潜力的一种栽培方法。其特点是使茶树整个寒冷季节的生长发芽均在大棚保护设施中完成。这项技术多应用于北方茶区的冬季生长或者用于提早江南茶区的发芽时间，可扩大茶树栽培区域，弥补露地生产和发芽晚的缺点，实现茶园增值增效。

（1）**茶园大棚促成栽培管理技术**。

①温度管理。温度为17～25℃，过高或过低的温度会造成茶叶减产，甚至绝收。温度超过30℃时，就要开启通风口，通过人工通风降低温度，温度低于10℃时，应密闭薄膜保温。白天温度控制

在25℃左右为宜，夜间温度不低于8℃。

②湿度管理。土壤含水量为70%～80%，超过90%时，土壤透气性差，不利于茶树生长；空气湿度白天为65%～75%，夜间为80%左右，最利于茶树生长。

③光照管理。控制在自然光强的75%为宜，为了增加棚内光照，可以采用透光性好的覆盖材料，保持薄膜表面清洁无污，以提高光照强度，棚内铺设反光膜，充分利用漫射光，增加光照。

④二氧化碳浓度管理。二氧化碳是光合作用的基础原料，正常情况下，空气中二氧化碳的浓度保持在300毫克/米³。

（2）**茶园大棚促成栽培管理技术优点。**大棚栽培可使茶叶提早萌发，设施大棚茶树较露天茶树可提早开采，一般提早20天左右。大棚栽培可提高春茶产量，设施栽培茶树在春季由于塑料大棚保温增温作用可提前生长，不但开园早，而且增加了茶叶采摘次数，且新梢生长快，叶量也多，因而提高了名优茶产量。大棚栽培可控制环境条件，通过设施创造适宜的环境条件来控制茶树生长发育，以达到高产优质的目的。大棚内温度、湿度、光照等在一定程度上可以按照茶树生长发育的需要进行适当调节。

　　茶树防虫栽培能够降低茶园虫害发生的概率，从而减少农药的施用次数，最终保证茶叶的质量安全。目前茶树防虫栽培主要通过覆盖防虫网实现。防虫网是一种新型的覆盖材料，是以优质聚乙烯为主要原料，添加防老化、抗紫外线等助剂，经拉丝制造而成的网状织物，具有耐老化、耐腐蚀、抗拉力强、通风透光、无毒无味等优点。

　　茶树罩网前需要开展以下处理：第一，连网，把市面上一般售卖的防虫网用线人工缝合拼接，针距宜小于1厘米，针脚过密则费时，过疏则可能溜进体型较小的害虫。第二，茶树修剪，罩网前根据树势进行合理修剪，留树的成熟叶片数量在满足新梢生长的前提下，剪除瘦弱枝、枯枝、病虫枝，使枝梢的空间分布均匀，通风透光。第三，全面的病虫防治，树冠修剪之后，还要对茶园进行一次彻底、全面的病虫防治及地面杂草耕锄。第四，把握罩网的时间及罩网管理，罩网太早，防虫网的重量会压住新梢生长，不利于茶园的空气流动；罩网太晚，受虫害的茶树威胁整个茶园的生长；宜在生产季节结束之后罩网，生产季节之前收网保存。第五，防虫网的保管，防虫网添加有抗老化、防酸腐等助剂，保管得当可以减缓老化，多年使用，降低成本；使用结束后及时收网，取网时避免与铁丝、枝条等尖锐部位的触碰、摩擦。清理网中残留的花、枝叶、泥土，必要时可以清洗、消毒、晾晒，保持防虫网的干燥、干净。将防虫网折叠卷起，存放于阴凉、干燥、避光处，避免老鼠等危害。

44.茶树抗霜冻综合管理技术是怎样的？

茶树早春霜冻（又称"晚霜冻"）是指在日平均气温0℃以上的早春时期，夜间地面或茶树表面温度在短时间内下降到0℃或0℃以下，叶面结霜，或虽无结霜但引起茶树遭受伤害或局部死亡的农业气象灾害。暖冬的出现导致茶树越冬芽提前萌发，且随着茶树特早生良种的大面积推广和栽培管理水平的提高，使茶树遭受早春霜冻危害的潜在威胁不断增加。霜冻天气影响茶树的正常生长发育，进而影响茶叶的品质和产量，造成茶农、茶场较严重的经济损失。

（1）**茶树抗霜冻预防措施**。第一，选择抗冻性强的茶树品种，降低冻害发生时的受伤程度；第二，早中晚茶树品种合理搭配，降低经济损失；第三，选择合适的建园地点，选择背风朝南或向阳的山坡茶园，水库、河流等大面积水域附近的茶园，避免在低洼地、风口或风道等地种植茶树；第四，改善茶园小气候，茶园四周种植防护林，提高防风能力；第五，平衡施肥（重施有机肥，适当添加复合肥等）以提高茶树抗冻性；第六，适当提早封园，保证茶树体内积累较多的营养，减少茶树冻害损伤。

（2）**抗霜冻综合管理技术**。在做好预防工作的基础上，如茶芽已经萌动，霜冻来临时，就必须采取应急措施，目前生产上应用效果较好的有防霜扇防冻、喷灌除霜防冻和覆盖防冻。防霜扇防冻对于能产生逆温的晴天，能起到明显的防霜效果。每台防霜扇有效覆盖面积为1～2亩，一般当近地面气温低于4℃时风扇自动开启，温度回升后停止。喷灌除霜通过水的热容量可阻止芽梢结霜，同时能提高土壤热容量和空气湿度，防止气温进一步大幅降低，可采用喷灌在茶树蓬面上洒水，喷出的水会使芽梢结冰，也可防止芽梢内温度进一步降低，从而避免危害。覆盖防冻包括遮阴网覆盖和盖草覆盖，遮阴网覆盖，隔离霜于茶蓬面，选用黑色塑料遮阴网遮阴，离地1.8～2.0米搭架，以遮阴网高出茶树蓬面50～60厘米为宜；盖草覆盖，也是为了隔离霜于茶蓬面，在茶蓬面铺一层厚度5～10厘米的稻草、麦草等。

45.茶园轨道运输轻便管理技术是怎样的？

我国茶园大部分分布在丘陵山区，因为丘陵山区不但广泛分布着酸性的红壤和黄壤，而且具有垂直分布的特点，雨量充沛，云雾多，空气湿度大，漫射光强，这对茶树生长非常有利。但是山地丘陵立地条件差，路面复杂，坡度较大，所处区域降水多，给丘陵山区林果茶园的管理、农资的搬运、果实的运输和水利灌溉系统的布置增加了难度。实现茶园轨道运输轻便管理既能节省不少的劳动力成本，又能降低雨天作业的风险，确保茶园采摘效率，降低劳动强度，提高生产效率。

目前茶园轨道运输轻便管理技术主要通过茶园轨道运输机实现，此类轨道运输机以汽油燃料为动力源，由发动机、离合器和油箱等部件组成，运输器材包括轨道、滑动架和货物车等（图5-3）。当需要将货物车从丘陵山区的低处运输到高处时，将货物车放置在滑动架上，牵引机构牵引着最高处的滑动架向上滑动，相邻两个滑动架之间用链条连接，因此牵引机构可以牵引所有的运输单元向上运动。当货物车随运输单元运行到丘陵山区的特定高度时，将货物

图5-3 茶园轨道交通系统

车从滑动架上移下来，此时，由于货物车设有走地轮，因此货物车可以轻松地在山地丘陵山区上行驶，从而实现货物车在轨道和山地丘陵山区的地面上运行。茶园轨道运输机能按照预定的轨道纵向运载货物，也能根据丘陵山区茶园实际地形和方位，脱离轨道下地运载货物。一般茶园轨道运输机一次可承载200千克重量，能轻松运输化肥、农药等农资上山，甚至能实现运输人员上山。茶园轨道运输机解决了茶园道路运输的不便，解决了运输过程中大量劳动力缺乏的问题，提高茶园生产效率，实现丘陵茶园的高效、便捷、安全管理。

第六部分
绿色防控技术

46.茶园绿色生产病虫害综合治理的原则是什么？

茶园病虫害严重发生时会使茶树产量降低、品质变差，为保证茶农收益，应当及时采取有效的防治措施。化学农药为生产者提供了一种高效、快捷的防治手段，但也易使生产者对化学农药形成过度依赖。过量、过频繁地使用化学农药，不仅破坏了生态环境，还危害着人类自身的健康和安全。因此，为了减少化学农药的使用，要以"预防为主，综合防治"为植保原则。通过合理的茶园管理措施预防病虫害发生，适时适度合理地运用生物、物理、化学等防治手段将有害生物控制在经济损失允许水平下。最终达到人畜、生态环境安全及茶叶高产、优质、安全的目的。

病虫害绿色防控应当以生态保护、安全生产为出发点。茶园中除了茶树、害虫，还生活着鸟类、蜘蛛、瓢虫、草蛉、寄生蜂等天敌生物。各种生物间存在捕食、寄生、共生、竞争等关系，能使生物群落在较长一段时间内保持相对的平衡。营造良好的茶园生态环境，有利于提高茶园中生物的种类和数量，维持茶园生态系统的稳定，有效预防害虫的暴发。农业防治、物理防治、生物防治对环境相对友好；化学防治对生物的杀伤力较强，使用时需要注意选择合适的低毒低残留农药，掌握防治指标，抓准施药时机，不盲目施药、增减用量。

实行茶园病虫害综合治理对茶产业的健康发展有重要的积极意义。在国内市场方面，随着我国人民消费能力和健康安全意识的提高，农产品中的农药残留已是当前消费者最为担忧的问题之一。相较于低价产品，消费者更倾向于选择优质安全的农产品。在国际贸易方面，茶是世界上三大无酒精饮料之一，且我国是茶叶生产大国，具有强大的出口潜力。但是许多国家和地区在进口农产品时对农药残留限量设定了严格的标准，极大限制了我国的茶叶出口，造成了贸易壁垒。为提高茶叶在国内外市场的竞争力，生产者应从茶园管理入手，进行病虫害综合治理，减少化学农药投入和农药残留，在保证优质高产的同时提高产品安全性。

"3R"问题指农药残留（residue）、抗性（resistance）、再猖獗（resurgence）。

残留：农药是人工合成的有毒物质，它在自然环境下的消解需要一段时间，或长或短。在消解之前，它会残留在作物上甚至转移到大气、水、土壤、其他动植物当中，随着食物链逐步累积到人体中，产生毒害作用。因此应当选择使用高效、低毒、低残留的农药品种；在采摘时严格按照安全间隔期，给农药足够长的降解时间。

抗性：长期使用某种农药容易使生物进化出对它的抗药性。如果增大施药量和施药次数，会进一步增强抗药性，甚至使农药完全失效。同时，增大施药量和施药次数也会增加农药残留。

再猖獗：长期大量地使用某种农药后，害虫发生越来越严重。其主要原因是农药的大量使用杀害了部分害虫和天敌，剩余害虫产生抗药性，天敌数量减少，对害虫的控制效果减弱，使害虫数量回升。采取化学防治和生物防治相结合，注意天敌保护，能有效防止害虫再猖獗。

47.茶园病虫害综合治理的主要措施有哪些？

病虫害综合防治方法根据原理和应用技术主要分为农业防治、生物防治、物理防治、化学防治等。在生产中以"预防为主，综合防治"为植保原则，利用各种防治措施进行综合治理。

（1）**农业防治**。农业防治是利用作物、病虫害、环境三者间的关系，通过农业措施使茶园环境利于茶树生长、抗性增强，而不利于病虫害生存繁殖，最终使病虫害得到一定程度控制的防治方法。茶园病虫害农业防治的手段主要有以下7点。

图6-1　茶园间作果树上的鸟窝

①避免茶树大面积单一栽培，间（套）种树木、绿肥、蜜粉源植物等，优化茶园生态环境，增加天敌种类和数量，使茶园生态系统更加稳定（图6-1）。

②合理密植，保持茶行内通风透光良好。若种植密度过大，会使茶园空气湿度过高，茶树病害发生加重。

③选择抗性品种种植，加强茶苗、种子等繁殖材料的检疫，减少病虫草害的远距离传播。

④分批采摘茶芽，合理修剪、台刈、清园。通过采摘、修剪，可以去除部分害虫卵、幼虫、成虫、病叶等，减少其食物来源，控制危害。修剪下的带虫枝条不能直接留在茶园中，最好能开沟深埋或用机械铡碎后再还田。对于根腐病、茶天牛、黑翅土白蚁等根部病虫害，需要将受害茶树挖除，在根腐病和白蚁发生危害处进行土壤消毒。使用石硫合剂、波尔多液清园，减少茶园越冬病虫害。

⑤适当翻耕除草。一般在夏秋季浅耕1～2次，有利于将表面落叶埋入土中，增加土壤有机质和透气性；能破坏地下害虫栖息场所。春茶开采前进行翻耕，对根颈部培土压实，可防止土中越冬蛹羽化。

⑥加强水分管理。选择排水良好的地块用于茶园建设；靠近水源或地下水位高的地块，需要进行开沟排水。排水良好能抑制茶树根腐病、白绢病、藻斑病等病害。茶园缺水时，需要及时进行灌溉，否则容易引起赤叶斑病和茶树螨类的发生。

⑦合理施肥，改善茶树营养，增强茶树抗性。偏施氮肥会使茶

树徒长，抗性减弱，加重炭疽病、茶饼病和吸汁性害虫的发生。适当增施磷钾肥，可减少炭疽病、茶饼病、绿盲蝽和一些茶树螨类的发生。

（2）**生物防治**。生物防治是利用病虫害天敌或生物源农药等防治病虫害的方法，具有针对性强、安全无污染、不产生抗药性等优点。

①利用捕食性、寄生性天敌控制害虫，如蜘蛛、鸟类、寄生蜂、瓢虫、捕食螨、食蚜蝇、草蛉等（图6-2）。为提高天敌数量，可以人工投放捕食螨等天敌，也可间作树木或蜜源植物等，创造适宜的生存条件来保护天敌。

图6-2　瓢虫捕食蚜虫

②使用昆虫病原微生物及其制剂防治茶园病虫害。如苏云金芽孢杆菌、白僵菌、各种昆虫病毒制剂等能使害虫感病死亡，从而达到防治的目的。

③将昆虫性信息素与黏胶、电网、化学农药等结合使用，对害虫进行诱杀。或利用性诱剂干扰昆虫间的信息交换，阻碍其寻找配偶交配（图6-3，图6-4）。

图6-3　尺蠖性信息素诱捕器

图6-4　诱捕到的尺蠖成虫

④用植物源农药防治病虫害。用于茶树病虫害防治的植物源农药主要有鱼藤酮、苦参碱、除虫菊素、烟碱、印楝素等，可防治鳞翅目幼虫、蚧类、叶蝉类害虫。

⑤饲放不育昆虫，减少其可繁育后代，控制害虫种群数量。

（3）物理防治。物理防治是利用黏液、风机、电网、人工摘除等物理手段捕杀害虫，减少害虫数量的方法。通常结合食物、灯光、信息素等诱饵提高害虫的物理捕捉效率。

①食饵诱杀。将食物与杀虫剂混合，诱杀害虫。配制糖醋酒液，将糖45%、醋45%、黄酒10%混合后微火熬成糊状液体，抹于盆底部和内壁，放置在略高于茶蓬面处，可引诱并粘住卷叶蛾、茶尺蠖、小地老虎等成虫。

②色板诱杀。利用昆虫对颜色的趋性，用黏胶捕捉害虫（图6-5）。可使用黄板诱杀小绿叶蝉、黑刺粉虱，利用蓝板诱杀蓟马。

③灯光诱杀。利用昆虫的趋光性，结合风机、电网等捕杀方式，能有效诱杀鳞翅目昆虫和金龟子。

④吸虫机捕杀。利用风机产生负压，将茶树害虫吸入并杀害（图6-6）。该方法对小型飞行类昆虫的防治效果较好。

⑤人工捕捉。主要针对产卵集中、幼虫发生较为集中的害虫，摘除卵块或幼虫集中的枝条能有效降低虫口密度。

图6-5　天敌友好型色板

图6-6　风吸式杀虫灯

（4）化学防治。化学防治是使用化学药剂治理病虫害的技术，因其见效快、防治效果好，目前仍是病虫害防治中的主要手段。但不合理的农药使用会使生物产生抗性，防治效果减弱甚至消失。化学农药可能会对生态环境造成污染，通过食物链逐步累积到人体内，进而影响人类健康。因此，化学农药应当严格按照说明使用，注意回收处理农药包装物，以减少农产品中的农残和环境污染。

①选择高效、低毒、低残留的农药，避免使用高毒、高残留农药。由于茶叶以饮用为主，应优先选择脂溶性农药，减少农药在茶汤中溶出。

②针对防治对象选择农药，确定施用剂量、浓度和次数，把握防治指标，及时施药。将病虫害控制在经济损失允许水平以下即可，不要盲目增加用药量和用药次数。采摘茶叶需要严格按照农药的安全间隔期进行。

③优化施药器械。如静电喷雾器能细化药液雾滴，增加药液附着能力，减少药液流失污染。

④使用无人机进行统一防治，提高防治效率。为减少药液飘移，应选择无风无雨的天气进行施药。

48. 茶园主要病虫害及其防治方法有哪些？

（1）小绿叶蝉。

①危害状。小绿叶蝉，俗称叶跳虫、浮尘子等，属半翅目叶蝉科。小绿叶蝉成虫长 2 ~ 8 毫米，多为淡绿色至黄绿色；若虫浅黄色或黄绿色；卵多呈香蕉形（图6-7）。是一种刺吸式害虫，若虫、成虫均吸食茶树汁液危害，雌虫产卵于嫩梢内，有趋嫩危害的特点。茶树受害后开始表现为嫩梢萎凋，叶缘泛黄，叶脉变红，之后叶缘叶尖萎缩枯焦，芽叶脱落。导致芽叶生长缓慢、产量和质量下降。

②发生特点。小绿叶蝉分布范围几乎涵盖我国所有茶区，是茶树上分布最广、危害最重的害虫之一。其虫口数量主要受气温、降水量、雨日数的影响，生长繁殖适宜温度为 17 ~ 29℃；雨日多且

时晴时雨利于其繁殖，使虫口增加，而暴雨会使虫口明显下降。不同地方小绿叶蝉发生规律因地理、气候条件存在差异而不同。在长江流域一年发生9～11代，以成虫越冬。当春季气温升高至10℃以上时出现，开始取食并繁殖。在浙江茶区一般会出现两个虫口高峰期，分别是5月下旬至7月中下旬和8月中旬至11月上旬，主要危害第二轮和第四轮茶。除危害茶树外，还可危害豆类蔬菜等作物和马唐草等杂草。

图6-7 小绿叶蝉若虫

天敌主要有蜘蛛、瓢虫、螳螂等。

③防治方法。

a.分批采摘。根据小绿叶蝉趋嫩危害的特性，可以通过分批多次采摘茶芽来控制虫口数。一方面，采摘茶芽能带走芽梢中的虫卵；另一方面，茶芽被采摘，能减少小绿叶蝉食物。

b.使用色板及杀虫灯。成虫飞翔能力不强，有趋光和趋色的特点，尤其趋黄色。因此可以在茶园中放置黄板或安装风吸式杀虫灯进行诱杀。黄板防治在春茶结束修剪后进行，每亩使用25张，高度以高出茶蓬面20厘米左右为宜。风吸式杀虫灯安装密度为每20亩1盏，具体需根据地形设置，灯的高度以高出茶蓬面40～60厘米为宜。为保护茶园中的天敌，在害虫虫口较低的时期应避免开灯。

c.化学防治。从3月开始观察虫口变化，以百叶虫口数10头作为防治指标，在虫口高峰期之前进行化学防治。可选择10%联苯菊酯水乳剂2 000～3 000倍液，或15%茚虫威乳油3 000倍液，或240克/升虫螨腈悬浮液2 000倍液进行防治。

百叶虫口数调查方法：在早晨露水干之前进行，随机选择100张叶片（芽下第二叶或上季留下的嫩对夹叶），快速翻转观察叶背面，统计小绿叶蝉数量。

小绿叶蝉与东方美人茶：东方美人茶是原产于台湾省新竹市的一种乌龙名茶，汤色橙红，具有独特的果香、蜜糖香。原料独特，以小绿叶蝉取食后的鲜叶作为原料。由于叶蝉危害，刺激茶树释放单萜烯二醇类，这种物质是向叶蝉天敌"求救"的"信号"，同时也赋予了茶叶独特的香气。东方美人茶滋味独特且茶园无需对小绿叶蝉进行防治，产品安全水平高，具有较好的市场前景。

(2) 茶橙瘿螨。

①危害状。茶橙瘿螨属蛛形纲蜱螨目瘿螨科。成螨体型微小，长圆锥形，长和宽约为0.19毫米、0.06毫米，黄色至橙红色。若螨无色至淡黄色，形体与成螨相似。卵为无色透明水球状，快孵化时混沌。卵散产于叶背，多在侧脉凹陷处。成螨和若螨绝大多数在叶背面活动，均刺吸茶树叶片汁液危害，以取食幼嫩芽叶和成叶为主，也取食老叶。危害初期症状不明显，随着螨类增多，叶片变成黄绿色，失去光泽，主脉转为红褐色，芽叶萎缩，出现不同色泽的锈斑。严重时枝叶干枯，状似火烧，后期大量落叶，使产量受到严重影响（图6-8）。

图6-8　茶橙瘿螨危害状况

②发生特点。茶橙瘿螨广泛分布于全国各产茶区，是我国茶树上主要害螨之一。在长江中下游一年可发生10多代，世代重叠严

重。各虫态均可越冬，以成螨为主，越冬场所主要是成叶和老叶背面。翌年3月中下旬气温回暖后开始活动。在浙江茶区，一般一年有两个高峰期，分别是5月中下旬和7—9月。气候环境影响茶橙瘿螨虫口，平均气温18～26℃，空气湿度在80%以上有利于其繁殖发育，而冬季低温对虫口影响不大。雨量少且时晴时雨利于其发生，暴雨和高温则不利于其发生。主要危害夏秋茶。除危害茶树外，也可危害油茶、檀树、漆树等树木和春蓼、一年蓬、苦菜、星宿草、亚竹草等多种杂草。天敌主要有瓢虫、粉蛉、草蛉、捕食螨等。

③防治方法。

a.加强茶苗检疫。防止将带虫茶苗带入新茶园。

b.加强茶园管理。做好水肥管理、防旱抗旱工作，增强树势，提高茶树抗逆性。

c.分批及时采摘。茶橙瘿螨多分布在1芽2叶和1芽3叶上，及时分批采摘可带走大量螨和虫卵。

d.生物防治。在茶橙瘿螨发生较重的时候人工投放天敌——捕食螨。研究表明，1头捕食螨成虫1小时可捕食25头茶橙瘿螨。一般在5月中下旬进行投放，每亩投放4.5万～5.0万头。

e.化学防治。从4月下旬开始注意，在螨口数量上升初期进行防治。一般在春茶结束、夏茶开采前进行。可选择99%矿物油150～200倍液，或240克/升虫螨腈悬浮液1 500～2 000倍液进行防治。在茶季结束后进行清园和封园，可喷施45%石硫合剂晶体150倍液，减少越冬螨数量。

(3) 茶尺蠖。

①危害状。茶尺蠖属鳞翅目尺蛾科，又称拱拱虫、量尺虫、吊丝虫等。成虫长9～12毫米，双翅展开后宽20～30毫米，虫体呈灰白色，前翅有波状的黑褐色条纹。幼虫虫体细长，表面光滑，腹部仅第6节和臀节各有1对足，静止时常以这两对足紧抓树枝，身体笔直类似于树枝而不易被发现；爬行时一伸一缩前行（图6-9）。共4～5个虫龄，一龄幼虫呈黑色，之后呈褐色，各腹节上有许多小白点组成的环纹和纵线。以幼虫取食叶片危害，一龄幼虫食量小，仅取食叶肉，使叶片呈褐色点状凹斑；二龄幼虫能使叶

片穿孔，或取食嫩叶边缘，形成缺刻；1～2龄集中危害，形成发虫中心，3龄开始分散危害，使叶缘呈C形缺刻；4龄开始食量急增，严重时嫩叶、枝梢、老叶都被吃光，造成连片秃枝，使茶树树势衰弱，严重影响产量（图6-10）。

图6-9　茶尺蠖蛹和幼虫　　　　图6-10　茶尺蠖危害状况

②发生特点。茶尺蠖主要分布于江苏、浙江、安徽、江西、湖北、湖南等省份。高山茶园一般发生不多，而茶树生长好、四周环山、避风向阳的茶园常发生较重。1年可以发生5～6代，以蛹在茶树根基附近土壤中越冬。一般在翌年3月，蛹开始羽化出土，4月上旬出现第一代幼虫，危害春茶。第二代幼虫发生于5月上旬至6月上旬；第三代幼虫发生于6月中旬至7月上旬，开始发生世代重叠。一年中以夏、秋茶时期发生最重。其天敌主要有寄生蜂、寄生蝇、蜘蛛、线虫、病毒、真菌和鸟类等。

③防治方法。

a.清园灭蛹。在秋冬深耕施肥的同时，将落叶和表土中的虫蛹深埋入土。配合根颈部培土压实，能有效地减少翌年虫口基数。

b.灯光诱杀。由于茶尺蠖成虫具有趋光性，可安装杀虫灯进行诱杀。

c.性诱剂捕杀。利用茶尺蠖性信息素和粘虫板诱捕茶尺蠖成虫。3月下旬开始放置，一般每亩放4套性信息素诱捕器，可根据虫口数量适当调节安装密度。

d.生物防治。饲放绒茧蜂，防治第一代茶尺蠖幼虫。在1～2龄幼虫期施用茶尺蠖核型多角体病毒，浓度一般为每毫升1.5×10^{10}个PIB。可用0.6%苦参碱水剂800～1 000倍液，在3龄幼虫前进行防治。

e.化学防治。以1龄、2龄幼虫盛期施药最好。可选择2.5%溴氰菊酯乳油3 000倍液，或240克/升虫螨腈悬浮液1 500～2 000倍液等进行防治。

> PIB为多角体（polyhedral inclusion body）的英文缩写。"亿个PIB/毫升"为病毒制剂浓度单位，即每毫升病毒制剂中包含的多角体个数。

（4）茶炭疽病。

①危害状。茶炭疽病是一种常见的茶树叶部真菌病害，病菌属于半知菌亚门盘长孢属。茶炭疽病病菌一般在叶片幼嫩时侵入，当叶片成熟时才表现出症状。在发病初期，一般从叶片边缘或叶尖开始出现暗绿色水渍状半透明病斑。病斑常沿叶脉蔓延扩大，其边缘水渍状逐渐减少至消失。病斑颜色逐渐转为黄褐色，最后变为灰白色，正面会出现分散、细小的黑色粒点（即茶炭疽病病菌的分生孢子盘）。病斑形状大小不一，通常会在靠近叶柄的部位形成大的红褐色病斑，有时会蔓延至叶片一半以上。发病严重时会引起茶树大面积落叶（图6-11）。

图6-11 茶炭疽病危害状况

②发生特点。茶炭疽病在我国茶区普遍发生。属于高温高湿病害，即在高温高湿条件下易发病。空气温度20～30℃、湿度90%以上，最利于病菌入侵。

在春夏之交和雨水较多的秋季发生较重，芽叶持嫩性强也有利于病害发生。炭疽病病菌以菌丝体或分生孢子盘在病叶上越冬。等到翌年春季温度、湿度达到适宜水平，便开始萌发并入侵茶树，还可以借助风雨进行传播。在5、6月会出现第一个发病高峰，9月如果雨水较多，则会出现第二个高峰。由于该病菌能在病叶上越冬，因此可以依据秋季的发病状况预测第二年的发病程度。一般情况下，头年发病重则翌年春季发病也较重。因为秋季采摘不完全，留养嫩叶多，使越冬病叶增加，进而加重翌年病害。

③防治方法。

a.选择抗病品种。茶树品种间的抗性差异比较显著，一般叶片较薄、软，叶色比较浅的品种发病较重；反之，则发病轻。新建茶园时，尤其是高山茶园较易发病，应选择种植抗病品种。

b.茶园管理。加强茶园水肥管理，提高茶树抗病能力。清除枯枝落叶，烧毁带病枝叶，减少翌年病源。

c.台刈或换种。对于连年发病且程度严重的老茶园，可在春茶结束后进行台刈，并将枝叶清理带出茶园后烧毁。品种较差且发病严重的茶园可以直接进行换种。

d.化学防治。在发病初期或发病前进行防治。可选择250克/升吡唑醚菌酯乳油或悬浮剂1 000～1 500倍液，或10%苯醚甲环唑水分散粒剂1 500倍液，或75%百菌清可湿性粉剂600～800倍液，或99%矿物乳油100倍液等进行防治。避免在采摘期内用药，必要时可单独对发病植株喷施药剂。

（5）茶饼病

①危害状。茶饼病又称叶肿病、疱状叶枯病，是一种危害茶树嫩叶新梢的重要真菌病害。病菌属于担子菌亚门外担菌属。该病主要危害幼嫩枝叶，还可危害花蕾、幼果等幼嫩组织。嫩叶受害后最初会产生淡黄色、淡绿色或淡红色的半透明小病斑，之后逐渐扩大，形成表面光滑、有光泽且向叶背凹陷的圆形病斑，从背面观察，病斑为直径2.0～12.5毫米的饼状隆起。随着病斑成熟，叶背病斑表面会出现灰白色粉状物，其厚度逐渐增厚并变为纯白色。病斑多向叶背面隆起，但也有向正面突起的。1片嫩叶上可出现多个

病斑，使叶片扭曲畸形。到后期，病斑上的白粉逐渐减少，病斑逐渐萎缩成褐色枯斑，但边缘仍为灰白色，受害叶片逐渐凋萎脱落（图6-12）。若嫩枝受害，也会出现白色肿大，受害部位易被折断，进而使上部芽梢干枯。茶饼病可直接影响茶叶产量，而且受害叶片制茶时易碎，成茶滋味苦涩，茶多酚、氨基酸含量下降。

图6-12　茶饼病危害状况

　　②发生特点。茶饼病分布于我国大多数茶叶产区，是一种低温高湿型病害。该病菌主要以菌丝体潜伏在活的茶树组织中进行越冬或越夏，死亡腐烂的叶片不会携带该病菌。温度20～25℃、湿度90%以上，是该病菌孢子萌发的适宜条件。低温、高湿、弱光环境利于该病的发生，该病对高温、干燥、强光极为敏感。较为郁闭的茶园、云雾缭绕的高山茶园发生较重；管理粗放、种植密度大的茶园发生较重。由于我国各茶区气候条件差异较大，茶饼病的发生情况也存在差异，华东、江南茶区在5—7月和9—10月发生较重。

　　③防治方法。

　　a.加强茶苗检疫。新建茶园时，防止将病株带入茶园种植。

　　b.选择抗病品种。不同茶树品种对茶饼病有一定的抗性差异。一般小叶种比大叶种抗病，大叶种中叶片较厚、较柔软、叶脉间凹陷度大的更易感病。新建茶园时，尤其是空气湿度大、光照弱的茶园，应选择种植抗病品种。

　　c.加强茶园管理。施足基肥、增施钾肥、有机肥，提高茶树抗病能力。勤除杂草，减少遮阴树木，改善茶园通风透光性。及时清除发病枝叶或分批采摘，减少病源侵染扩散。

　　d.化学防治。在发病初期，可使用250克/升吡唑醚菌酯乳油或悬浮剂1 000～1 500倍液，或3%多抗霉素可湿性粉剂300倍液等进行防治。非生产季节可使用45%石硫合剂晶体150倍液，或

0.6%～0.7%石灰半量式波尔多液进行预防。

（6）茶白星病。

①危害状。茶白星病又称点星病，是一种危害茶树嫩叶新梢的重要真菌病害。病菌属半知菌亚门叶点霉属。该病主要发生在芽叶和嫩叶上。发病初期，叶面出现针头大小的红褐色小点，病斑边缘呈淡黄色半透明；病斑可逐渐扩大为直径0.8～2.0毫米、中间红褐色、边缘暗褐色的圆形小斑。病斑成熟后，中央会呈灰白色，上面散生黑色小点，有时中央部分会干裂形成1个孔洞。1片叶上可分布几十个到数百个病斑，病斑多时会合成形状不规则的大病斑。发病叶片会生长不良，叶质变脆易脱落；发病新梢会停止生长，节间变短、百芽重减轻、对夹叶增多，严重时能使受害部位上部新梢全部枯死。受害茶园会发生大量落叶，产量下降，茶叶品质也受到极大影响，鲜叶中茶多酚、咖啡碱、水浸出物含量均降低，成茶滋味发苦，汤色浑暗，破碎率高。

②发生特点。茶白星病在我国安徽、浙江、福建、江西、湖南、湖北、四川、贵州等产茶省份均有发生。该病属于低温高湿型病害，主要以菌丝体或分生孢子器在茶树活体组织中越冬，在枯死的病叶上也可越冬，但其活力较低。翌年春季气温升至10℃以上，病菌即可生长繁殖，经风雨传播，在湿润条件下侵染茶树。该病在温度10～30℃均可发生，以20℃最适宜；空气湿度高于80%利于发病。若半个月内平均温度为25℃，且空气湿度低于70%，则不利于发病。春季和初夏降雨多、湿度大、光照弱，有利于病害发生和流行。在我国大部分茶区，受害茶园在4月初即可观察到初展叶上的初期病斑；若温度、湿度适宜，则会在5—6月出现发病高峰；若秋季雨水较多，则会出现第二个发病高峰，但发病程度较春茶轻。茶园管理粗放、采摘过度、树势弱有利于发病。

③防治方法。

a.分批采摘茶叶。早采、勤采、及时分批采摘鲜叶，减少带病枝叶，减轻发病。

b.选择抗病品种。新建茶园应选择抗病优质品种种植。

c.加强茶园管理。增施有机肥和钾肥，提高茶树抗性。茶园雨季在必要时需开沟排水，降低湿度。茶季结束后可修剪病枝。若发病较重，可进行重修剪或台刈，将剪下的病枝叶带出茶园烧毁，要注意对后续长出的新梢进行施药预防。

d.化学防治。在非采茶季节，可喷施0.6%～0.7%石灰半量式波尔多液。发病初期可喷施75%百菌清可湿性粉剂600～800倍液，或70%甲基硫菌灵可湿性粉剂1 000～1 500倍液，或50%多菌灵乳剂1 000倍液。

（7）其他病虫。

①斜纹夜蛾。

a.危害及形态特征。又称莲纹夜蛾，属鳞翅目夜蛾科，是一种杂食性的食叶害虫。除了茶树，还危害甘蓝、花椰菜、萝卜、葱、大白菜、辣椒、豆类等蔬菜。在茶树上，以幼虫啃食叶片危害，也会啃食嫩茎，造成新梢折断干枯。危害严重时会出现连片秃枝，严重影响产量。持续高温、少雨以及粗放的茶园管理均利于该虫暴发。

成虫前翅灰褐色，有许多斑纹，中间有1条灰白色宽阔的斜纹，后翅白色，边缘暗褐色。成虫产卵量大，常在叶片背面产数十至上百粒虫卵，形成卵块。卵为黄白色至紫黑色，卵块外覆盖黄白色绒毛。幼虫共6龄，刚孵化出的幼虫在卵块附近群集危害，将叶片吃成网纱状；3龄后开始分散取食；4龄后进入暴食期，将叶片咬成孔洞或缺刻，甚至取食后只留下叶片主脉。老熟幼虫黄绿色至黑褐色，体表散生小白点。

b.防治方法。加强检疫，防止害虫被人为远距离传播。加强茶园管理，清除杂草和枯枝落叶，减少越冬虫数。看到卵块或幼虫群应当及时摘除。斜纹夜蛾成虫具有趋光性，可在茶园中安装杀虫灯进行诱杀，同时可配合使用斜纹夜蛾性诱剂。若虫害发生严重，可在低龄幼虫期选择化学防治。喷施2.5%溴氰菊酯乳油3 000倍液，或240克/升虫螨腈悬浮剂1 500～2 000倍液，或10%氯氰菊酯乳油2 000～3 000倍液等。

②黑刺粉虱。

a.危害及形态特征。又称橘刺粉虱，属半翅目粉虱科，是一种在我国茶区广泛分布的刺吸式害虫。除茶树外，还危害柑橘、棕榈、芭蕉、桂花等。在茶树上，以若虫在叶背刺吸汁液危害，同时会分泌蜜露，引发茶煤病，使树势衰退，影响茶叶质量和产量。

黑刺粉虱成虫体长0.88～1.40毫米，前翅紫褐色，有7个白斑，后翅淡褐色，无斑。若虫扁平，椭圆形，共3龄。刚孵出时为淡黄色，之后变黑，周缘出现白色蜡圈，背部有刺，刺的数量随着若虫成熟而增多。蛹为黑色椭圆形，背面隆起，有白色蜡圈，背部有刺29～30对（图6-13，图6-14）。

图6-13　黑刺粉虱蛹　　　　　图6-14　黑刺粉虱成虫

b.防治方法。分批采摘可带走春茶新梢上的卵，减少虫口数。剪除带虫枝条，带出茶园清理烧毁。使用黄板诱杀可减少成虫。化学防治首先防治越冬代成虫和第一代刚孵化的若虫。可喷施99%矿物油150～200倍液，或25%吡虫啉可湿性粉剂1 500倍液。由于该虫主要在叶背危害，施药时应采用侧面喷洒，以使药液到达叶背。防治成虫要注意将药液喷施在茶树中、上部，防治若虫则重施在中、下部或老叶背面。

③茶蚜。

a.危害及形态特征。又称茶二叉蚜，俗称腻虫、蜜虫、油虫，属半翅目蚜科，是一种常见的刺吸式害虫。以若虫、成虫聚集在茶树新梢和嫩叶背部吸汁危害，分泌蜜露诱发茶煤病（图6-15）。受害枝梢发育停滞，芽叶萎缩，所制干茶茶汤色暗、带有腥味，影响茶叶产量和品质。

　　蚜虫分为有翅蚜和无翅蚜。有翅蚜成虫长2毫米，黑褐色，有光泽；若虫棕褐色。无翅蚜成虫近卵圆形，稍肥大，棕褐色；若虫浅棕色或黄色。卵为长椭圆形，长和宽约为0.6毫米、0.4毫米，颜色漆黑有光泽，以卵越冬。

图6-15　茶树新梢上的蚜虫

　　b.防治方法。茶蚜有趋嫩危害的特点，主要分布在1芽3叶以上，及时分批采摘能有效降低虫口数量并减少其食物来源。蚜虫对颜色有趋性，在茶园中放置黄板能诱杀有翅蚜虫。采摘季节不宜使用农药。非采摘时期可以喷施稀释的肥皂水或洗衣粉溶液，使蚜虫气门堵塞，窒息死亡。若虫害发生较为严重，可喷施25%吡虫啉可湿性粉剂2 000倍液，或10%联苯菊酯水乳剂3 000倍液，或240克/升虫螨腈悬浮液1 500～2 000倍液。

　　④黄胫俅缘蝽。

　　a.危害及形态特征。黄胫俅缘蝽是一种大型椿象，属半翅目缘蝽科，是一种刺吸式害虫。以若虫、成虫刺吸茶树新梢部分汁液危害。其食性较杂，除茶树外还危害豆类、瓜类作物等，通常在缺少其他食料的情况下转移危害有嫩梢的茶树。新梢受害后，刺吸位置以上部分逐渐枯萎、发焦（图6-16）。目前该虫在茶园中发生较少，

图6-16　黄胫俅缘蝽危害状况

对茶叶生产影响不大，一般情况下可以不采取防治措施。

黄胫侏缘蝽成虫体长20～30毫米，呈黑褐色至棕色，触角共4节，末节呈黄褐色或橙色，其余呈褐色。卵为褐色椭圆形，约3.5毫米长，主要产于叶背，表面有一层灰色粉状物。若虫共5龄，3龄以下若虫活动能力弱，高龄若虫和成虫危害能力更强。该虫以成虫越冬，在长江中下游地区1年发生2代，分别在5—7月、7—9月发生第一代、第二代若虫，6—9月危害较为集中。若发生较多，危害较重，可进行防治。

b.防治方法。选择阴雨天或露水未干时捕捉，成虫、若虫此时多停留在冠面茎叶上，捕捉后用肥皂水浸杀。入冬前用纸板折成有裂缝的诱集板，置于茶园或建筑物旁，引诱其钻入越冬，春茶前对害虫进行消除；也可配制糖醋液进行诱杀。可喷施2.5%溴氰菊酯乳油，10～20毫升/亩。

第七部分
炒青型绿茶机制加工技术

49.茶叶规范化加工场所的基本要求是什么？

茶叶规范化加工场所的基本要求可参考《茶叶加工良好规范》（GB/T 32744—2016），茶叶规范化加工场所的基本原则是安全、卫生，同时厂房设计时应考虑如何减少茶叶污染来源，锅炉房和卫生间应设计在厂房的下风口，仓库应设计在干燥处，厂房应具备洗手更衣间，并具备消防设施。

（1）**厂房设计与布局**。茶叶加工厂一般由加工车间、包装车间、仓库等组成。加工车间一般由摊青区域、杀青区域、回潮区域、揉捻区域、干燥区域、风选色选区域等组成。

摊青厚度一般为大宗鲜叶不宜超过30厘米，摊青设备一般为摊青竹篾。为节省场地，亦可用多层摊青架和水筛，较先进的有自动摊青机器（图7-1，图7-2）。

图7-1　摊青架和水筛

图7-2　自动摊青机器

杀青区域面积应不小于设备占地总面积的8倍，杀青设备一般为滚筒杀青机，滚筒杀青机根据燃料不同又可分为电式滚筒杀青机、电磁滚筒杀青机、柴煤式滚筒杀青机、生物质颗粒式滚筒杀青机。目前在浙江松阳县，生物质颗粒式滚筒杀青机应用较为普遍，主要是经济环保。生物质颗粒燃料是一种可再生的新能源，是利用木屑、树枝、农业秸秆等制成。杀青设备除了滚筒杀青机，还有蒸气式杀青机、微波杀青机等。

回潮区域和揉捻区域可放在一起，其面积应不小于设备占地总面积的8倍，该区域可单独隔离，安装空调控温控湿，也可防止回潮时闷热黄化，揉捻时开空调品质更好。

干燥区域对于炒青型绿茶来讲是用滚筒杀青机设备来炒干的，可以与杀青区域共用，有些茶厂习惯用电烘箱（提香机）来提香，区域面积应不小于设备占地总面积的8倍。

加工厂还应有一定面积区域进行风选色选等精制工作。此外还应考虑存放成品的仓库，成品仓库面积可按250～300千克/米²的标准计算确定，仓库应干燥清洁、防火防潮防虫，仓库地面应设置垫板，距离地面不低于15厘米。根据储存需要建设冷藏库，冷库温度宜控制在10℃以下。

（2）**厂房设备清洁与维护。**厂房设备应定期保养检查，每次生产前检查设备是否正常且清洁干净，每次生产结束做好清洁工作，保持好卫生状况。设备出现故障时应及时排除，并记录产生故障的时间与可能受影响的茶叶批次。

为确保设备使用性能，日常维护注意定期润滑，润滑油应适量，不得外溢污染产品。

茶厂质量检验设备应根据需求进行配置，相关设备注意定期维护和校准，确保数据准确。

（3）**厂房卫生管理**。厂区及周边区域应清洁卫生。厂区内道路和地面应无破损、无积水、不扬尘。定期修剪厂区内植物，保持环境整洁；排水系统应保持通畅，无污泥沉积。不得堆放杂物，应提供废弃物临时存放设施且分类存放，废弃物存放设施应为密闭式，不得外溢污物，做到每日清理。

厂房地面、屋顶及墙壁有破损时，应及时修补。厂房内应采取措施（如纱窗等）防止有害生物侵入。包装车间内应设置简易配料库，与生产区域间隔。

不允许在生产车间使用和存放可能污染茶叶的任何种类的药剂。车间内部使用的清洁和消毒用品应存放在专用区域或柜台，并由专人明确标识和管理。生产车间入口处应提供工作鞋或防污染鞋套。

应保护所有茶叶接触面免受腐蚀。与产品接触的设备和工具的清洁用水应符合《生活饮用水卫生标准》（GB 5749—2022）的规定。

（4）**制度和记录**。企业应制订清洁制度和措施，保证企业所有场所、设备和工（器）具的清洁卫生。制定产品管理制度，原料及成品的出入库和运输应有相应的台账和记录。

🌿 50.炒青型绿茶主要工序和参数有哪些？

炒青型绿茶按照鲜叶摊放、杀青、回潮、揉捻、循环滚炒（二青）、筛选整理、炒干的工艺流程制作（表7-1）。原料采摘标准一般为高级绿茶用1芽1叶初，其他用1芽2叶或1芽3叶。

表7-1　炒青型绿茶主要工序及参数

工序	具体操作及参数
鲜叶摊放	摊放厚度3厘米左右，摊放时间4～6小时
杀青	用滚筒杀青机杀青，筒体温度达到280～300℃时投叶。杀青程度为杀透杀匀，青草气味散失，手捏不粘，茶香显露，含水量50%左右
回潮	杀青叶摊凉后装入塑料袋，系好进行回潮，一般回潮时间3小时，叶软且揉不碎即可
揉捻	杀青叶摊凉后再进行揉捻。一般采用轻压长揉原则，揉捻时间因鲜叶嫩度而不同，一般控制在1小时以上，加压原则为"先轻后重、逐步加压、轻重交替、最后松压"。注意揉捻出叶后及时解块
循环滚炒（二青）	用滚筒杀青机循环滚炒，筒体温度达到250～280℃时投叶，要求"高温、快速、少量、排湿"，以保持叶色翠绿。二青过程循环滚炒5次左右，时间40～45分钟，至含水量14%左右为宜。在二青过程中，应使用风扇和鼓风机辅助排湿，出叶后及时摊凉
筛选整理	茶叶出锅摊凉后通过色选、筛分、拣剔等措施去除茶片、拣梗剔杂
炒干	用滚筒杀青机循环滚炒提香。筒体温度达到80～100℃时投叶，循环滚炒提香时间为15～20分钟，至含水量5%～6%为宜。出叶后要迅速摊开，散热

　　绿茶出厂检验（水分、灰分）必备的检验设备有以下几种。

　　（1）感官品质检验。应有独立的审评场所，其基本设施和环境条件应符合《茶叶感官审评方法》（GB/T 23776—2018）相关规定。审评用具（干评台；湿评台；评茶盘；审评杯碗；汤匙；叶底盘；称茶器；计时器等）应符合《茶叶感官审评方法》（GB/T 23776—2018）相关规定。

　　（2）水分检验。应有分析天平（1毫克）、鼓风电热恒温干燥箱、干燥器等，或水分测定仪。

　　（3）净含量检验。电子秤或天平。

　　（4）粉末、碎茶。应有碎末茶测定装置。

　　（5）茶梗、非茶类夹杂物。应有符合相应要求的电子秤或天平。

51.提高绿茶香气的主要措施有哪些？

（1）**合理摊青**。在摊青过程，茶鲜叶主要散失水分和进行有限的呼吸作用，同时鲜叶青草气缓慢挥发，逐渐显露出愉悦的清香，主要香气物质含量与摊放时间呈高度正相关。

摊青是绿茶初制的第一个工序，鲜叶进厂，按品种、采摘标准分开摊放，若是用竹篾在地上摊放，厚度为2.6～4.0厘米，摊放时间6～12小时，叶质柔软，表面失去光泽，即可付制。若是在萎凋槽摊放，厚度为13～18厘米，同时鼓冷风摊青，摊放时间3～4小时，以叶色变暗、叶质柔软、清香显露为度，摊放过程中翻叶1～2次，注意避免机械损伤。

（2）**杀青适当**。炒青型绿茶因杀青时间较长保留苯甲醇、香叶醇等高沸点成分以及发生热物理化学反应生成吡嗪、吡咯等焦糖物质，通常具有栗香或清香。

杀青温度是杀青工序的关键。手工杀青过程一般采用抛—闷—抛的原则，通过手感灵活掌握锅内的湿热条件，以满足杀青过程中化学成分变化的要求，提高绿茶香气。滚筒杀青高温短时的杀青方式制得的茶叶一般香气较高，但要保证茶叶不焦边。杀青的原则一般是"高温杀青，先高后低"，杀青的要求是"杀匀杀透，老而不焦，嫩而不生"。

（3）**增加摇青**。乌龙茶加工中的"做青"工艺可激发特定香气品质成分的酶促反应和热化学反应，促进花香品质的形成。加工工序为摊青—摇青—杀青—揉捻—循环滚炒（二青）—筛选整理—提香。一般摇青摇3次（第一次2分钟，第二次3分钟，第三次5分钟），每次摇后静置1小时。由于摇青的加入，摊青的时间适当减少。

（4）**合理干燥**。干燥是绿茶制作的最后一道工序，除了去除水分外，也有增进香气、改善滋味及外形的作用。叶片水分降到15%～18%，是形成香味品质的关键阶段，周围空间如有优良的香气物质，会被吸附，如有烟气等不良香气，也会被吸附。

干燥温度与制茶品质有很大关系，温度太高容易产生火味甚至焦味；温度过低，茶叶香气低淡，不爽快。干燥温度一般先高后低，高时不超过100℃，低时60～80℃。

（5）**鲜叶品质要好**。鲜叶品质对茶香具有决定性的作用。由于鲜叶中的芳香物质及与香气形成有关的其他成分，如蛋白质、氨基酸、糖及多酚类化合物等的含量不同，在制茶过程中形成的芳香物质就不同。这些鲜叶中固有的直接或间接参与茶香组成的物质，在制茶过程中相互作用或转化，使香气组分与比例产生了变化，形成了不一样的茶叶香型。同时鲜叶品质易受到品种、茶季、地域、栽培措施的影响。

52.杀青是绿茶加工的关键工序吗？

杀青是绿茶制作的关键工序，杀青的含义就是把茶青里的酶"杀死"，而杀青采取的措施一般是高温，通过高温钝化酶活性，防止多酚类化合物氧化而使茶叶变红，这个高温必须使叶温达到85℃以上才能钝化酶。如果温度太低，不仅不能破坏酶活性，反而促进酶促作用发挥，产生红梗、红叶。

杀青的原则是温度先高后低，不可长时间高温，否则叶片会焦。滚筒杀青时间可以通过调节滚筒杀青机的倾斜度来控制。杀青温度一般在280～360℃，具体应看茶做茶。一般老叶嫩杀，嫩叶老杀。

杀青适度，通过手感确保有柔软和黏性、弹性的感觉，再检测嫩茎不会折断，熟叶不焦，有清香味，鲜叶失重范围为30%～40%。

杀青有没有杀好杀匀，前面的摊青很重要，如果摊青不足，杀青容易杀不匀，尤其是芽头肥壮的1芽1叶或1芽2叶初的茶青，若摊青不到位，容易芽头杀青不足，叶片却焦；如果摊青太过，叶片水分太少，极易杀焦。

投放量与杀青的温度和时间也有关系，一旦温度较高就要多投，一旦温度较低就应少投。

不同杀青方式有不同效果和特点。

滚筒杀青是目前我国最主要应用的杀青方式，具有生产效率高、操作简便、可适应大规模连续化生产等特点，成品茶色泽绿润、香气四溢、滋味浓爽。但由于传统滚筒杀青采用燃煤、燃气、电热管等方式加热，在热效率、温控稳定性等方面存在缺陷。此外，现在鲜叶杀青有蒸气/热风、微波/红外、微波/热风等组合式方法。

应用远红外线辐射杀青，制得成茶具有香高味醇、汤色翠绿清澈等品质特点；并且具有杀青功效高、连续性好等优点，为实现绿茶杀青工序连续化、电气化开辟新的途径。远红外和微波组合杀青绿茶，制得的茶叶滋味更鲜爽醇厚而不苦涩、香气纯正等。微波、远红外组合杀青方式能较大程度地保留茶叶品质成分含量，减少杀青作业对茶叶品质成分的破坏，弥补了单纯使用微波杀青的不足之处。

电磁杀青：电磁内热滚筒杀青所制绿茶色泽绿润、香气清高、滋味鲜爽，品质风味好于微波杀青，外观色泽好于高温热风和电热管滚筒杀青。袁海波等研究发现电磁内热滚筒杀青具有热效高、升温快、成本低等优点，预热时间较电热管滚筒杀青和燃煤式高温热风杀青缩短 13 ~ 20 分钟，杀青成本与燃煤式高温热风杀青相近；同时通过与远红外测温、分段控温技术的结合，可精准调控杀青工序。

智能杀青：通过数据库决定参数，进而通过面板按钮选择参数，杀青机就像电饭煲一样可以进行预约和无人式循环杀青、二青，以达到合适的水分。随着劳动力成本升高，杀青机的发展必将走向智能化。

53.绿茶摊放是怎样的？

在摊青过程中，茶鲜叶由于散失掉部分水分，叶质变软，可塑性增强，叶色由翠绿变暗绿，青草气逐渐转化为清香，有利于芳香类物质形成，提高成品茶的品质。摊青时，鲜叶除发生物理变化外，还会发生缓慢的化学变化，如蛋白质、淀粉、多糖和果胶类等大分子物质在水解酶的作用下发生水解反应，生成更多的小分子物质；多酚类物质在多酚氧化酶的作用下部分发生氧化降解，酚氨比下降，提高了滋味，改善了品质。

绿茶在杀青之前进行适度摊放，有利于绿茶品质的提高。多酚类、儿茶素含量在摊放过程中会逐渐减少，氨基酸、水溶性糖的含量在摊放过程中明显增加，酚氨比下降。经摊放处理后，绿茶茶汤品质和香气品质均明显提高。但摊放必须适度，过度摊放反而会降低绿茶的品质。

摊青是绿茶品质形成的重要工序，摊青做好可增进绿茶的色、香、味、形，提高绿茶的品质风味。做好摊青要注意以下几点：品种、鲜叶原料、温度、湿度、通风条件、摊叶厚度、摊青时间等。

高档香茶鲜叶的摊放厚度为 5 ~ 10 厘米，中低档香茶鲜叶摊放厚度为 10 ~ 15 厘米。摊叶时间为 3 ~ 5 小时。叶质变得柔软，鲜叶失重率在 10% 左右为适度。

摊放时，摊叶厚度要根据鲜叶的含水量而定。含水量少则摊厚，含水量多则摊薄。鲜叶在摊放工序的水分蒸发须适当，过快过慢都会影响其品质的形成。

从摊放过程化学成分变化规律和风味品质，以及后期加工对鲜叶物理特性的要求综合考虑，鲜叶摊放含水量以 70% 为好。专家研究发现，就综合香气和滋味两个方面的品质来说，单芽茶以 20℃低温、90%高湿处理的品质为佳，1 芽 1 叶以 20℃低温、75%中湿处理的品质较好。

有学者研究发现，远红外摊放茶叶叶温升高和水分蒸发较快，增强酶活性，促进水浸出物含量、茶多酚转化量、氨基酸含量的增加。远红外摊放的茶叶品质接近于日光萎凋的效果，这是因为远红外线以射线形式射入叶肉组织，引起叶内分子共振，并迅速转化为热能，使叶片内外均匀受热，从而使细胞膜透性加强，提高了酶活性，促使多酚类化合物产生变化，促进芳香物质形成，使茶多酚含量的保留量较少，氨基酸较多，可溶性糖含量较少。

54.揉捻是绿茶塑形的主要工序吗？

外形对绿茶的品质很重要，揉捻是绿茶塑形的主要工序。揉捻的目的主要是卷紧条索，以及适当揉破叶细胞，挤出茶汁，丰富茶叶滋味。

揉捻是初步做形，除了扁茶和理条型绿茶外，其他绿茶在制茶过程中一般都有揉捻工序。所谓揉捻，即用揉和捻的方法使茶叶面积缩小，卷成条形。

揉捻的加压原则是先轻后重再轻。具体来讲，加压大小、时间长短和次数多少，以及加压时间早迟，要看茶做茶。简单说，嫩叶加压轻，次数少，时间短，加压迟些；老叶揉捻时间长，加压时间也长，加压次数多，加压总量大。

总之，揉捻过程中的加压技术掌握，应根据揉捻叶的运动规律和成条过程，采用先轻后重、逐步加压、轻重交替、最后松压的加压方法。关键是正确理解"逐步加压"的含义，正确掌握加压技术。

揉捻适度是有80%以上成条率。揉捻时还应注意：揉速过快或开始就加压或没有放压容易造成揉不成条索；加压过早过大容易造成扁条。解块不匀或没有解块容易造成弯条。加压过迟过小或揉捻时间不够容易造成松条。加压过早过大、揉速过快、时间过长容易造成碎条。

操作时根据揉捻机的型号进行投叶，萎凋叶的数量要在揉捻机的作业范围之内。揉捻的时间为60～120分钟，以成条率为准。

炒青揉捻技术具体要点有如下3方面。

①看叶质来决定揉叶量。细嫩的原料多些，粗老的少些。杀青时间短，含水量较多的叶揉叶量不宜过多。

②看揉捻量来决定揉捻时间。揉叶量多就长，揉叶量少就短。但不可过多或过少。

③揉捻时间决定揉捻程度和形状。

在茶叶揉捻过程中，影响揉捻品质的技术参数很多，其中茶叶含水量是关键因素。茶叶含水量过高或过低，揉捻效果均不好。含水量过高，茶条在未达紧细状态时已经断碎；含水量过低，茶条的茶汁揉出来的较少，茶汤滋味寡淡。因此，在揉捻前必须综合考虑前后工序的需要，看茶做茶，尤其是控制好茶叶含水量，以获得优良的外形品质。

55. 如何进行茶叶干燥？

干燥是绿茶制作的最后一道工序，经过干燥，茶叶达到足干，含水量在5%左右，外形更紧结，香气得以充分发挥。其中松阳香茶干燥又分为滚（烘）二青—滚毛坯—滚足干3个紧密的环节，大多采用滚筒杀青机，也可用烘干机。当杀青机出口中心处热空气温度达到70～75℃时即可投叶滚二青。其程度以手捏时松手而不粘，稍感硬度能触手，且具有弹性为宜。二青叶经充分摊凉回潮，进行滚毛坯。在适当温度下，经往返5～6道滚炒（中低档原料可适当增加道数），直到条索细紧，有明显触手感、色泽乌绿、香气初显为理想。

干燥是绿茶加工工艺中重要的工序，其目的一是降低茶叶的含水量，使茶叶充分干燥，延长保质期。二是可去除茶叶青草气，提高香气，减少茶汤苦涩味。三是降低茶多酚和儿茶素含量，同时保证氨基酸含量，有利于改善茶汤滋味。温度和时间是干燥工序的主要影响因子，温度低，则需较长时间，影响效率，而且不利于茶叶香气品质形成；但过高温度易导致茶叶产生高火味和焦味。

现代化干燥技术有以下几种。

微波干燥速度快、时间短，其干燥时间是一般方法的 $1\%\sim10\%$；利于保持产品的色、香、味，营养物质损失较少，对维生素 C、氨基酸的保持极为有利；反应灵敏易控制；加热均匀，可避免外干内湿现象；干燥加热具有自动平衡能力；热效率高，设备台数少。安徽岳西曾将微波冷冻干燥生产工艺成功应用于茶叶制作中，实现了高效、节能、环保、安全，兼有杀菌功能，更好地保证了岳西翠兰品质。

远红外技术在茶叶烘焙、提香上的应用。研究发现，与热风干燥比较，远红外线干燥茶叶表面呈润泽状态，远红外线干燥（无风）时有火香味的倾向。比起其他干燥方式，远红外更适合应用在茶叶生产流水线上，制得茶叶品质优异，茶叶感官品质明显优于装有传统茶叶烘干机的生产线。远红外茶叶干燥机焙茶干得快，比热风焙茶时间短 4 分钟左右，由于快速去水，有利于茶香发挥。另外，远红外茶叶干燥机上层的温度高，茶叶刚进入焙茶机时的水分多，使用远红外干燥机，能符合"先高温后低温""毛火高温快干，足火低温足干"的工艺要求。同时，远红外焙茶热效率高，降低成本。有关专家探讨发现经微波杀青，热力初干，远红外提香机足干制得茶树花比其他蒸气杀青、热力干燥等方式效果都好。总之，远红外线干燥技术具有节能、高效、高品质、环保等优点，有待在茶叶加工技术上更好地利用。

56.绿茶自动化连续生产加工是怎样的？

随着社会经济的发展和农村劳动力向城市转移，特别是山区，留守在农村的大多数是劳动能力低下的老人，劳动力紧缺已成为众多拥有大面积茶园的企业主们的心头之痛，且茶叶生产成本中劳动力支出通常高达 40%以上。茶叶可以说是产业链最长的农产品，跨越农业和食品业两大领域，在用工上是劳动密集型的产业，且生产季节性又很强。因此，绿茶自动化连续生产加工必将是趋势。

（1）绿茶自动化生产加工工艺。鲜叶处理（分级）—摊青（萎凋）—杀青—摊凉回潮—初揉—解块—复揉—解块—初烘 —摊凉—滚炒整形—复烘—成品。

（2）绿茶自动化连续生产配套加工设备。以日加工能力为2 500千克绿茶的自动化连续生产线成套设备为例，共由23个组件的92台设备组成，占地面积约1 600米²。详见表7-2。

表7-2　绿茶自动化连续加工生产线配套设备

序号	名称	供能方式	单位	数量
1	鲜叶分级机	电	套	1
2	储青机	电	台	2
3	萎凋/摊青机	电	台	2
4	电磁杀青机	电	台	2
5	风选机	电	台	1
6	摊凉机	电	台	1
7	揉捻机	电	台	6（1组）
8	热风解块机	生物燃料+电	台	1
9	揉捻机	电	台	6（1组）
10	解块机	电	台	1
11	烘干机	生物燃料+电	台	1
12	摊凉机	电	台	1
13	滚筒炒干机	生物燃料+电	台	4
14	烘干机	生物燃料+电	台	1
15	斜输机	电	台	10
16	冷却斜输	电	台	2
17	平输	电	台	16
18	布料平输	电	台	6

（续）

序号	名称	供能方式	单位	数量
19	分料往复平输	电	台	6
20	立输	电	台	2
21	振动槽	电	台	4
22	计量称	电	台	8
23	触摸控制平台	电	台	8
	合计			92

以加工能力为40 ～ 50千克/时的6CTC-50型炒青型名优绿茶连续化生产线为例，整条生产线由鲜叶摊放模块、杀青模块、揉捻模块、解块初炒模块、二青及回潮模块、炒干模块等组成。应用的热源以往多为燃煤，现已普遍推广使用生物质颗粒燃料。

鲜叶摊放模块主机为6CT-80型多层网带连续式鲜叶摊放机，摊叶面积80米^2。当室温较低时，风机可从网带下部向叶层吹送35℃热风，室温过高时可吹送冷风，2 ～ 4小时可完成摊放作业。

杀青模块主机为6CS-80型滚筒式茶叶杀青机或热风杀青机，并配套6CML-75型茶叶冷却机和输送带等组成模块。鲜叶杀青量200 ～ 250千克/时，出叶后杀青叶被送上装有轴流风机的6CML-75型输送带式茶叶冷却机吹风冷却。

揉捻模块主机为6台6CR-55型揉捻机联装组成的自动揉捻联装机组，配套有杀青叶自动称量和定时定量投叶装置、各种类型输送带和自动控制系统组成模块。完成揉捻的揉捻叶，由振动槽和输送带等送往解块、烘二青。

解块初炒模块主机采用与热风式茶叶杀青机相似的6CJC-80型滚筒式茶叶解块初炒机和配套输送带等组成模块。揉捻叶从主机进茶口投入，在动态状况下将揉捻团块打碎并进行初炒，有利于茶条紧结。

二青及回潮模块主机为6CH-16型自动链板式烘干机，配套结构与烘干机烘箱相似的6CHC-15型茶叶回潮机和输送带等组成模块，烘干机用于烘二青，烘至含水率40%～45%，出叶送入6CHC-15型茶叶回潮机摊凉回潮，回潮后送入炒干工段炒干。

炒干模块主机为4台6CPC-100型瓶式炒干机或6CCT-80型滚筒式炒干机，配套自动定时定量投叶装置、输送带等组成模块。使用瓶式炒干机一般每筒放茶叶40千克左右，炒制时间45～60分钟。炒至条形紧结，含水率5%～6%，即完成炒青绿茶炒制。

第八部分
绿茶品鉴初识

57.什么是好的绿茶？

通过前面的阅读，读者已经对茶叶有了比较系统的了解。那么，究竟什么样的绿茶可以被称为好绿茶呢？

（1）**外形**。虽然不同种类绿茶的外形会有很大差异，但整体来说，优质绿茶外形匀整，条索紧结重实，芽叶完整，细嫩多毫。如果绿茶条索松散，叶片粗糙轻飘，老嫩不匀，品质一定不会太好。

（2）**色泽**。优质成品绿茶的色泽是翠绿或嫩绿的，有些因白毫多呈银绿色，叶片油润调和且富有光泽。劣质成品绿茶的色泽花杂，叶片枯暗没有光泽。

（3）**香气**。品质好的绿茶的香气是清新怡人的，有嫩栗香、清香或花香。劣质茶叶的香气淡薄低沉，甚至会有异味。

（4）**汤色**。品质上佳的绿茶汤色青翠碧绿而透明清澈，具有"清汤绿叶"的明显特征。品质低劣的绿茶冲泡出的茶汤混浊，汤色黯淡。

（5）**滋味**。品质好的绿茶茶汤浓醇鲜爽，回味带甘，令人口舌生津。品质欠佳的绿茶淡而无味，还有一些有苦涩味或烟焦味。

（6）**叶底**。优质绿茶的叶底明亮、细嫩芽多、匀整厚软，色泽呈嫩绿色且颜色一致。劣质绿茶的叶底花杂、老嫩不一、叶质粗硬，色泽呈深绿或暗绿色。

总而言之，好的绿茶的品质特征主要是清汤绿叶；香气以嫩栗香为主，兼有清香或花香；滋味鲜爽，口有回甘。

绿茶的品质受多因素影响，茶树本身的遗传特性、茶园所处的自然环境、从业人员的栽培管理技术水平、加工设备以及制茶者的技艺与素质等都能决定成品绿茶的优劣。一般而言，高山云雾出好茶，气候温和、昼夜温差大、雨量充沛、空气湿度较大且土壤肥沃的地区产出的茶叶品质更好，茶叶中的营养物质含量高，茶树的芽叶肥壮、持嫩性好。可以通过遮阴、施加有机肥的方法改良茶树的生长环境，使绿茶的香气、滋味更加优良。

绿茶审评技术包括以下内容。

我国目前主要对绿茶的外形、汤色、香气、滋味和叶底五因子进行感官审评，感官审评总分为100分，五因子分数占比分别为25%、10%、25%、30%、10%。若总分相同，按照滋味、外形、香气、汤色、叶底的排序进行比较，单一因子得分高者为优。审评标准依照中国国家标准化管理委员会发布的《茶叶感官审评方法》（GB/T 23776—2018）制定。审评时的操作流程主要为取样、评外形、称样、冲泡、沥茶汤、评汤色、闻香气、尝滋味、看叶底。称样3.0克或5.0克，按1∶3的茶水比，用沸水冲泡，4分钟后沥出茶汤进行审评。

（1）外形评审。将100～200克干茶置于评茶盘中，用回旋筛转法对茶样进行分层、收样。对干茶形态、色泽、嫩度、肥瘦、匀整度、净度等外形因素，结合茶叶产区、品种、产品特征等进行综合考量。一般认为色泽嫩绿、润者优，深绿、色暗者次。不同类型的绿茶，有其各自的产品特征，不能以单一标准审评所有茶类，例如茸毛多是碧螺春的一大优质特征，对龙井而言，却是明显的缺点。

（2）汤色评审。汤色审评时尤其需要注意室内的光线要尽量均匀、明亮、柔和，审评过程中可以调换审评碗位置，减少光线造成的影响。审评汤色主要从色度、亮度和清澈度等方面进行打分。出汤后即进行汤色审评，需在10分钟之内进行观察，若时间拖长，容易出现误判。绿茶汤色一般以黄绿、浅黄、明亮、清澈为优，偏橙、红、暗为次。但紫化茶品种如紫鹃，因花青素溶于茶汤，汤色泛紫偏灰，茶汤审评时应考虑品种因素。

（3）**香气评审**。审评香气时端起杯子，鼻子凑近，半开杯盖，嗅闻茶叶香气。每次嗅 2 ~ 3 秒即合上杯盖，减少香气散失，反复 1 ~ 2 次。从香气类型、纯度、持久度、浓度进行审评。可以结合热嗅、温嗅、冷嗅，杯温分别约为 75℃、45℃、接近室温，感受香气的变化。绿茶一般以高香、鲜爽、嫩香、板栗香、豆香、花香、持久等为优，以高火、焦气、青气、粗老气、陈气、异味等为次。

（4）**滋味审评**。审评滋味主要从茶汤浓度、厚度、醇涩、鲜陈、纯异等方面进行。舌头不同部位对不同滋味的敏感度不同，如舌尖对甜度最敏感、中部对鲜爽度最敏感、舌根对苦味最敏感，需充分利用口腔感受茶汤滋味。绿茶一般以厚、回甘、鲜醇、鲜爽为优，以淡薄、青涩、陈味、熟闷味、粗味为次。

（5）**叶底审评**。叶底审评时将叶底全部倒入叶底盘，加入适量清水使叶底漂浮。主要从叶底色泽、嫩度、匀整度、明暗度进行审评。绿茶叶底一般以嫩匀、色亮、柔软者为优，以粗老、杂、硬、色暗者为次。

优质的丽水香茶应具有条索细紧、汤色清亮、香高持久、滋味浓爽、叶底绿明等典型特征。

58.绿茶怎样冲泡？

要想冲泡出好茶，除了需要品质优良的茶叶外，优质的泡茶用水、适宜的器皿以及科学的冲泡技术同样必不可少。即便是名优绿茶，用劣质水或不当方法进行冲泡也会大大降低茶汤品质，无法充分发挥茶叶本身的潜质。

那么，什么样的水最适合用来冲泡茶叶呢？唐代的陆羽在《茶经》中明确写道："用山水上，江水中，井水下。"除此之外，古人还收集雨雪水用来烹茶，并将其称为"天泉"，颇为雅致。我们日常生活中最常见到的自来水主要来自江、河、湖水，隶属天然水，同样适合泡茶。但自来水在进行净化消毒时会使用气味较重的氯化物，直接冲泡会破坏茶叶的香气。这时只需把自来水静置一昼夜，氯气便可消散，将处理过的自来水煮沸后泡茶可以很好地解决气味的问题。另外，我们还需要关注泡茶用水的硬度，硬水中通常含有大量钙、镁离子和其他矿物质，用硬水泡茶不但会降低茶叶中有效物质的溶解度，使茶汤清淡无味，茶叶中的多酚类等物质与硬水中的矿物质结合还会影响茶汤的口味和色泽，因此泡茶时最好选用软水。

有了好茶和好水，还需要好的泡茶器皿，我们在选择茶具时要根据茶叶的种类、饮茶者的习惯进行挑选。通常名优绿茶及比较细嫩的绿茶选择无盖的透明玻璃杯或瓷杯进行冲泡，这样可以在品茶的同时观赏茶叶在水中舒展、游弋的姿态，也避免了茶叶被烫熟后降低口感和色泽；对于不太注重叶片形状和茶汤颜色的普通绿茶来讲，可以用盖碗和茶壶进行冲泡，品茶时佐以茶点小食也别有一番滋味。

除了好水和好器皿，一杯茶最终呈现的效果与冲泡技术同样密不可分。冲泡技术主要涵盖3个方面，即茶叶用量、泡茶水温和冲泡时间。当我们在冲泡绿茶时，通常取3克左右茶叶，加入150～200毫升的开水，水温以80℃为宜，冲泡3～5分钟后饮用；饮至茶汤剩余1/3后，还可以续水2～3次，续水3次之后的茶汤寡淡无味，没有再添水的必要。

采用透明玻璃杯冲泡细嫩名茶时，可以根据茶条的松紧程度选择"上投法"和"中投法"。对于龙井、碧螺春、庐山云雾、蒙顶甘露等茶条紧结厚重的茶叶，一般用"上投法"冲泡，即先在杯中加入75～85℃的沸水，之后再投入茶叶，可以欣赏干茶吸收水分后叶片舒展、徐徐下沉的景象。对于太平猴魁、黄山毛峰、六安瓜片等茶条松散的名茶则选用"中投法"，即在杯中投入茶叶后，先倒入1/3 90℃左右的热水，待茶叶舒展后将水注满，此时茶叶会在杯中飘舞起沉，别有一番趣味。

59.绿茶怎样保藏？

　　绿茶是一种比较娇贵的商品，极容易受到光、氧气、温度、湿度等环境条件的影响，稍有不慎就会被氧化，使得叶片枯黄暗沉，香气消散低浊，口味寡淡苦涩，严重时甚至会发霉，严重降低其商业价值。那么，什么样的保藏方法是最妥善合理的，能够尽量减少茶叶的品质损失，延长其保质期呢？

　　（1）**石灰块保藏法**。将口小腰大的陶坛清洗干净后晾晒备用，取500克左右的生石灰放于白细布制成的口袋中，再取500克左右的绿茶放于细白纸袋中，外套一层牛皮纸袋。待陶坛干燥后于坛底铺一张粗草纸，之后将扎好口的绿茶袋均匀放于陶坛内壁四周，在绿茶袋中间嵌入1～2个石灰袋，再在上面覆盖茶叶袋。装满坛子以后用数层草纸密封坛口，最后用砖头或者厚木板等重物压实坛口，以减少空气的流通。此后每隔一段时间要检查一下石灰的潮解情况，石灰由块状变为粉末状时，要及时更换。

　　（2）**碳保藏法**。原理和方法与前面提到的石灰块保藏法类似，只是将石灰块替换成了燃烧熄灭后的木炭或白炭，每袋碳容量减小为100克，陶坛以瓦罐或者小口铁皮桶替代。

　　（3）**冷藏法**。这是目前最常用到的、保藏效果最好的方法。先将绿茶的叶片含水量烘干至6%以下，然后将茶叶装入专用的铝箔包装袋内封口，用抽气充氮包装机将包装袋抽至真空，之后再注入氮气。操作过程中要密切关注袋口的密封情况，防止漏气或氮气充入不足。最后将处理好的绿茶装入茶箱，统一送进低温冷库进行冷藏。这样处理的绿茶可以最大限度地保持叶片中营养物质的含量，存储1年仍能保持较好的品质。

　　（4）**家庭储存绿茶的方法**。家庭选购的小包装或散装绿茶往往不能一次性饮用完毕，为了保持绿茶的风味，可以用铁罐、陶罐、厚实无异味的塑料袋甚至热水瓶等多种容器存放，存放时要尽量保持茶叶的干燥，袋口注意封好。更简单有效的方法是将绿茶存入冰箱的冷藏室内，注意不要冷冻，袋口一定要封严，以免茶叶回潮或冰箱内其他食物影响绿茶产生异味。

 ## 60.绿茶有哪几种外形？

绿茶外形也是决定茶叶品质的一个重要因素，除了受到品种和栽培条件的影响外，还与制茶工艺密切相关。我国尤其注重绿茶外形，在品茶时观赏干茶形态是必不可少的一个环节，这也造就了名优绿茶千姿百态的外形特征。目前最常见的绿茶外形有以下5种。

（1）**扁平形**。扁平形茶是指在加工过程中通过重力压迫芽叶，使其折叠成扁片状的茶。成茶不是立体的芽叶状，而是扁平挺直，形似宝剑，故又被称为剑形茶。如西湖龙井、竹叶青、春山雪剑，都是扁平形茶的代表。

（2）**针形**。顾名思义，针形茶外表紧细圆直，根根分明，挺拔秀丽，仿佛一根根松针。制作针形茶对于芽叶的嫩度有要求，通常要在单芽或1芽1叶期采摘。单芽制成的茶叶经自然干燥后就可成形，如千岛银针、太湖翠竹、蒙顶石花、雪水云绿等。由1芽1叶做成的针形茶需要在揉捻工艺中加入理直、炒紧的工序，如南京雨花茶、安化松针。

（3）**卷曲形**。干茶满身纤毛，茸毫满披，条索紧细重实，条索呈螺旋形卷紧，代表品种是碧螺春及蒙顶甘露。

（4）**圆形**。也称为珠形茶，芽叶卷曲为圆形，颗粒重实，珠圆玉润。安徽的涌溪火青、浮山翠珠及浙江的羊岩勾青、临海蟠毫都是圆形茶的代表。

（5）**花朵形**。因成茶的叶芽分开，状若花朵而得名。花朵形茶根据做形工序的不同又可以细分为以黄山毛峰为代表的雀舌形茶，以安吉白茶为代表的凤尾形茶，以长兴紫笋和舒城兰花为代表的兰花形茶。

除了上面提到的5种类型以外，还有以六安瓜片为代表的叶片完整呈片状的片形茶，由数十个芽叶捆扎成束的束形茶，以及呈环状的玉环茶等。

61.怎样鉴别新茶与陈茶？

　　绿茶的新陈是相比较而来的，通常我们把当年春季最早采摘加工的几批茶叶称为新茶，上一年甚至更早以前采摘加工的茶叶称为陈茶。绿茶向来都是以新为贵，但也并非越新越好，比如刚制好的西湖龙井、洞庭碧螺春等名茶如果能在生石灰缸中贮存 1 ～ 2 个月，不但不会降低茶叶品质，还会消除新茶的青草气。但整体而言，绿茶这种不发酵茶还是以当年生产的新茶品质为佳，由于其茶性不稳定、易氧化，口感和营养物质含量会随时间推移而变差和降低，价格也会随之大跌，因此有必要掌握如何鉴别新茶和陈茶。主要从以下 4 个方面入手。

　　（1）**捏干湿**。新制绿茶中的水分含量较低，茶叶条索疏松，质地坚硬酥脆，取几颗干茶于手中会觉得质地干燥，用手指轻轻一捏就会成为粉末。而陈茶在保存的过程会吸附空气中的水分，茶叶变得湿软而沉重，这时用手揉捻茶叶不易成为粉末，尤其是茶梗不易折断。

　　（2）**观色泽**。新茶的干茶色泽是青翠嫩绿的，陈茶由于在贮存中受光和氧气作用，叶绿素等有色物质逐渐分解，干茶色泽会变得枯黄灰暗，失去润泽感。新茶和陈茶的茶汤色泽也是有区别的，新茶的茶汤碧绿明净，叶底富有光泽，陈茶在贮存中氧化形成的茶褐素会使茶汤变得枯黄不清，色泽暗沉。

　　（3）**闻香气**。新茶会具有独特的新茶香，虽会因种类的不同而呈现为清香、浓香、甜香等丰富多彩的香味，但整体而言闻起来是清新自然、芳香馥郁的。陈茶中的芳香物质经氧化和挥发后会产生"陈味"，香味变得浅淡低浊，甚至有焦涩气。有些不良商家会把陈茶经过人工熏香后当作新茶售卖，仔细辨认就会发现这种香气没有真正的新茶自然纯粹。

　　（4）**品滋味**。新茶入口清香而醇厚，甘鲜爽口，味道浓郁，使人回味无穷。而陈茶由于茶叶中的酯类物质和氨基酸被氧化，与鲜爽味有关的有效物质含量大幅度减少，因此陈茶味道淡薄且鲜爽度差，经不起冲泡，甚至会产生苦涩味。

参 考 文 献

陈椽，2008. 制茶学 [M]. 北京：中国农业出版社.

成浩，李素芳，陈明，等，1999. 安吉白茶特异性状的生理生化本质 [J]. 茶叶科学 (2):6.

丁坤明，瞿和平，唐诗，等，2018. 茶叶螨类害虫的发生与防治技术 [J]. 植物医生，31(11):60-62.

韩文炎，李鑫，2015. 茶树晚霜冻害综合防治技术 [J]. 中国茶叶 (2):16-17.

何卫中，刘丽华，2004. 茶园夏秋季防旱抗旱技术 [J]. 茶叶通讯 (3):26-27.

何迅民，叶火香，何科伟，2011. 松阳香茶的品种适制性研究 [J]. 中国茶叶 (7): 16-17.

黄藩，王云，熊元元，等，2019. 我国茶叶机械化采摘技术研究现状与发展趋势 [J]. 江苏农业科学，47(12):48-51.

金珊，余有本，张秀云，等，2009. 设施栽培对绿茶品质的影响 [J]. 中国农学通报 (15):261-267.

李察，2013. 如何鉴别优质绿茶 [J]. 中国质量技术监督 (3):65.

李素芳，成浩，虞富莲，等，1996. 安吉白茶阶段性返白过程中氨基酸的变化 [J]. 茶叶科学 (2):153-154.

廖昌汉，1997. 提高茶树扦插繁殖技术的新途径 [J]. 茶叶通讯 (2):47-48

刘建军，袁丁，刘佳，等，2011. 间作对茶园生态及茶叶品质、产量影响研究进展 [J]. 中国茶叶 (4):16-18.

骆耀平，2006. 茶树栽培学 [M]. 北京：中国农业出版社.

马军辉，罗列万，陆德彪，等，2016. 丽水香茶区域品牌打造的对策与思考[J].
中国茶叶(7): 12-13.

邵静娜，孙威江，2013. 微波与远、近红外技术在茶叶中的应用[J]. 中国茶叶
加工(2):32-37.

石春华，2017. 浙江茶树病虫害绿色防控技术[J]. 中国茶叶(11):36-37.

疏再发，吉庆勇，金晶，等，2022. 智慧茶园技术集成与应用[J]. 中国茶叶
(3):10-16, 20.

苏有健，王烨军，张永利，等，2018. 茶园土壤酸化阻控与改良技术[J]. 中国茶
叶(3):9-11, 15.

唐美君，王志博，郭华伟，等，2017. 介绍一种茶树新害虫—黄胫侎缘蝽[J]. 中
国茶叶(11): 10-11.

王成民，2022. 鲜叶摊放对绿茶茶品质影响的研究进展[J]. 福建茶叶(4):42-44.

王发国，叶华谷，陈玉琼，2003. 茶树修剪时期和程度对早市名优茶品质的影
响[J]. 经济林研究，21(2):16-18.

王开荣，李明，梁月荣，等，2014. 光照敏感型白化茶[M]. 杭州:浙江大学出
版社.

王开荣，吴颖，梁月荣，等，2013. 低温敏感型白化茶[M]. 杭州:浙江大学出
版社.

王雪萍，马林龙，刘盼盼，等，2018. 夏秋季茶园覆盖遮阴的综合效应[J]. 江苏
农业科学(22):106-110.

鄢东海，2008. 茶树无性系良种繁育和新茶园建设技术[J]. 贵州农业科学，
36(2):162-164.

颜鹏，韩文炎，李鑫，等，2020. 中国茶园土壤酸化现状与分析[J]. 中国农业科
学，53(4):795-813.

颜宇慧, 刘群伟, 2015. 松阳香茶加工技术的再探讨 [J]. 农业与技术 (4):27-28.

杨向德, 石元值, 伊晓云, 等, 2015. 茶园土壤酸化研究现状和展望 [J]. 茶叶学报 (4):189-197.

杨亚军, 梁月荣, 2014. 中国无性系茶树品种志 [M]. 上海: 上海科学技术出版社.

曾超珍, 刘仲华, 2015. 安吉白茶阶段性白化机理的研究进展 [J]. 分子植物育种, 13(12):2905-2911.

浙江省茶叶标准化技术委员会, 2015. 香茶加工技术规程: DB33/T 967—2015[S]. 北京: 中国标准出版社.

郑生宏, 柴红玲, 李阳, 等, 2012. 关于茶树修剪枝再利用的探讨 [J]. 茶叶 (3):154-157.

郑生宏, 娄艳华, 疏再发, 等, 2019. 不同茶树品种香茶适制性研究 [J]. 中国茶叶加工 (3): 30-34.

图书在版编目（CIP）数据

丽水香茶栽培与加工技术/何卫中，刘瑜，刘林敏主编. —北京：中国农业出版社，2023.8
ISBN 978-7-109-31034-6

Ⅰ.①丽… Ⅱ.①何…②刘…③刘… Ⅲ.①茶树-栽培技术-丽水②制茶工艺-丽水 Ⅳ.①S571.1②TS272.4

中国国家版本馆CIP数据核字（2023）第157588号

中国农业出版社出版
地址：北京市朝阳区麦子店街18号楼
邮编：100125
责任编辑：李 瑜　　文字编辑：李瑞婷
版式设计：杨 婧　　责任校对：周丽芳　　责任印制：王 宏
印刷：北京通州皇家印刷厂
版次：2023年8月第1版
印次：2023年8月北京第1次印刷
发行：新华书店北京发行所
开本：880mm×1230mm　1/32
印张：4
字数：115千字
定价：38.00元
